数字图像预处理技术

石宝 著

U0299586

电子工业出版社·

Publishing House of Electronics Industry

北京·BEIJING

图书在版编目（CIP）数据

数字图像预处理技术 / 石宝著. -- 北京 ：电子工

业出版社，2024. 9. -- ISBN 978-7-121-49158-0

Ⅰ. TN911.73

中国国家版本馆 CIP 数据核字第 2024WA0898 号

责任编辑：刘小琳

印　　刷：北京盛通印刷股份有限公司
装　　订：北京盛通印刷股份有限公司
出版发行：电子工业出版社
　　　　　北京市海淀区万寿路 173 信箱　　邮编：100036
开　　本：720×1 000　1/16　印张：13.25　　字数：224 千字　　彩插：14
版　　次：2024 年 9 月第 1 版
印　　次：2024 年 9 月第 1 次印刷
定　　价：88.00 元

凡所购买电子工业出版社图书有缺损问题，请向购买书店调换。若书店售缺，请与本社
发行部联系，联系及邮购电话：（010）88254888，88258888。
质量投诉请发邮件至 zlts@phei.com.cn，盗版侵权举报请发邮件至 dbqq@phei.com.cn。
本书咨询联系方式：liuxl@phei.com.cn，（010）88254538。

前　言

随着数字图像获取设备的普及和发展，图像数据呈显著增长，如何高效处理这些数据成为迫切需求，数字图像预处理技术应运而生。数字图像预处理技术在医学影像分析、计算机视觉、遥感图像处理、安防监控等多个领域具有广泛的应用前景及实用价值。

针对数字图像处理中常见的问题，如噪声干扰、对比度不足、颜色不统一等，本书提供了多种预处理方法。首先，针对低照度图像，本书介绍了两种对比度增强方法，这些方法可以有效提高图像的视觉效果，使其更清晰。其次，对于不同相机拍摄的彩色图像间颜色不统一的问题，本书也提出了两种颜色转移方法，确保不同来源的图像在色彩上保持一致。对于彩色图像灰度化处理，本书提出了三种考虑色彩信息损失的方法，既简化了图像又保留了重要色彩信息。再次，针对脉冲噪声，本书给出了三种基于线性结构特征的滤波方法。最后，本书还给出了基于 tanh 函数及 Gamma 函数的深度估计方法。在介绍这些方法时，本书不仅详细阐述了其原理、处理步骤和参数设置，还通过实验验证了其效果。此外，本书总结了这些方法的优点，使其更具实用性。

本书的结构安排如下：第 1 章系统阐述了色觉原理及理论、可见光、颜色空间；第 2 章详细论述了两种基于 Gamma 校正的彩色图像对比度增强方法；第 3 章详细论述了两种基于伪彩色抑制的彩色图像颜色转移方法；第 4 章详细论述了三种基于色彩信息的彩色图像灰度化方法；第 5 章详细论述了三种基于线性结构特征的脉冲噪声滤波方法；第 6 章详细论述了基于 tanh 函数及 Gamma 函数的花粉图像深度估计方法。

本书得到了国家自然科学基金地区基金项目"基于深度学习的内蒙古地区花粉三维形状建模与识别"（项目编号：62066035）的支持，特此致谢。

本书对工学、医学、农学等领域的发展具有重要意义。随着图像处理在自然场景图像中的应用日益增多，本书提供的预处理方法和技术为机器视觉等科学领域提供了参考和借鉴。希望本书能为数字图像预处理领域的学者、研究生和工程师提供一些帮助。

作　者
2024 年 8 月

目　录

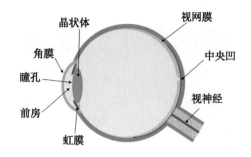

图 1.1 眼睛结构图

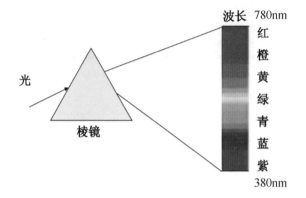

图 1.3 可见光

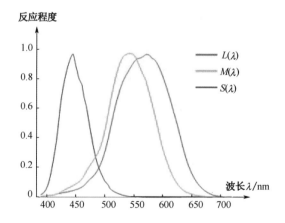

图 1.4 光谱吸收曲线

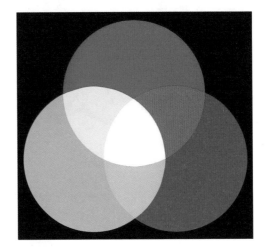

图 1.5　三原色

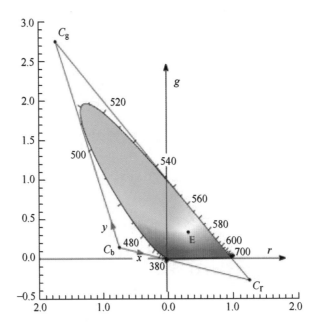

图 1.8　CIE1931 r-g 色度图

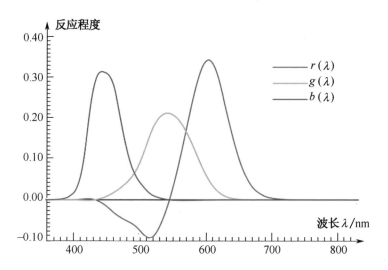

图 1.9 CIE RGB 三刺激曲线

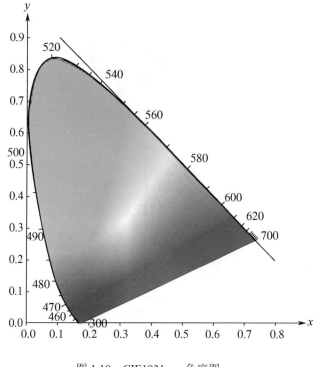

图 1.10 CIE1931 x-y 色度图

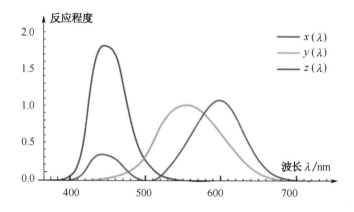

图 1.11　CIE1931 XYZ 三刺激曲线

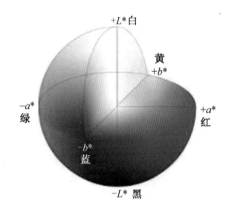

图 1.12　CIE L*a*b*颜色空间

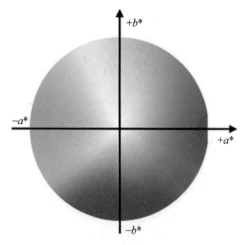

图 1.13　a^*b^*平面

（a）输入图像

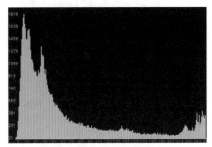

（b）输入图像的直方图

（c）直方图均衡化结果图像

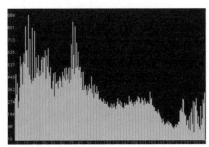

（d）直方图均衡化后图像的直方图

图 2.1　直方图均衡化示例

（a）γ=0.4

（b）γ=1

（c）γ=1.5

图 2.3　Gamma 校正的变化效果

图 2.6　输入图像

（a）$\bar{V}_x = 0.3$　　　　　　　　（b）$\bar{V}_x = 0.25\gamma = 0.6$

（c）$\bar{V}_x = 0.3\gamma = 0.85$　　　　　　（d）$\bar{V}_x = 0.25\gamma = 0.85$

图 2.7　输入图像的不同参数 $\bar{V}_x$、γ 的增强图像

（a）输入图像　　　　　　（b）改进的 AGCWD　　　　　（c）基于 Retinex 的改进方法

图 2.9　不同方法之间增强图像的比较（1）

（a）输入图像　　　　　　（b）改进的 AGCWD　　　　　（c）基于 Retinex 的改进方法

图 2.10　不同方法之间增强图像的比较（2）

（a）输入图像

（b）MSR

（c）$\alpha_2 = 0.3$

（d）$\alpha_2 = 0.8$

（e）输入图像

（f）MSR

（g）$\alpha_2 = 0.3$

（h）$\alpha_2 = 0.8$

图 2.11　MSR 方法与不同参数 α_2 的改进方法的增强图像对比

（a）输入图像

（b）改进的 AGCWD

（c）基于 Retinex 的改进方法

（d）基于亮度权重调整的彩色
图像对比度增强方法

图 2.13　不同方法之间的增强图像的比较

（a）输入图像　　　　　　　　　（b）$\beta=0.3, \gamma=2$

（c）$\beta=0.3, \gamma=3$　　　　　　　（d）$\beta=0.35, \gamma=3$

图 2.14　不同参数 β、γ 的增强图像（1）

（a）输入图像　　　　　　　　　（b）$\beta=0.3, \gamma=2$

（c）$\beta=0.3, \gamma=3$　　　　　　　（d）$\beta=0.35, \gamma=3$

图 2.15　不同参数 β、γ 的增强图像（2）

（a）输入图像　　　　　　　　（b）基于亮度权重调整的彩色图像对比度增强方法

（c）Fu 等人的方法　　　　　　　（d）Ru 等人的方法

图 2.16　不同方法之间的增强图像比较（1）

（a）输入图像　　　　　　　　（b）基于亮度权重调整的彩色图像对比度增强方法

（c）Fu 等人的方法　　　　　　　（d）Ru 等人的方法

图 2.17　不同方法之间的增强图像比较（2）

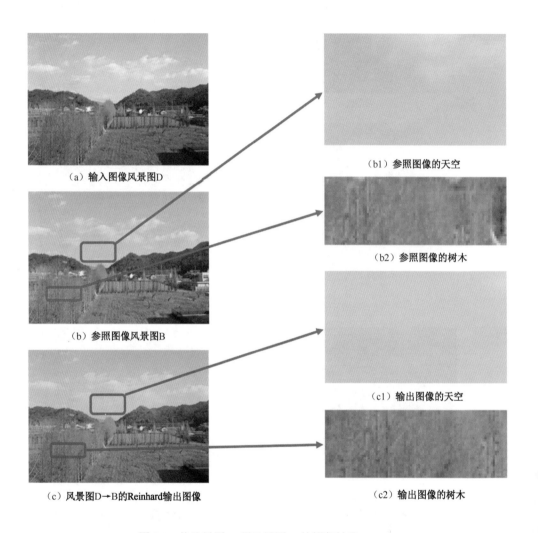

（a）输入图像风景图D

（b1）参照图像的天空

（b2）参照图像的树木

（b）参照图像风景图B

（c1）输出图像的天空

（c）风景图D→B的Reinhard输出图像

（c2）输出图像的树木

图 3.1　从风景图 D 到风景图 B 的颜色转移

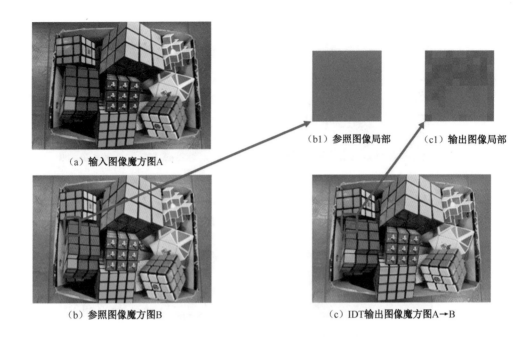

（a）输入图像魔方图A

（b1）参照图像局部　　　（c1）输出图像局部

（b）参照图像魔方图B

（c）IDT输出图像魔方图A→B

图 3.2　从魔方图 A 到魔方图 B 的颜色转移

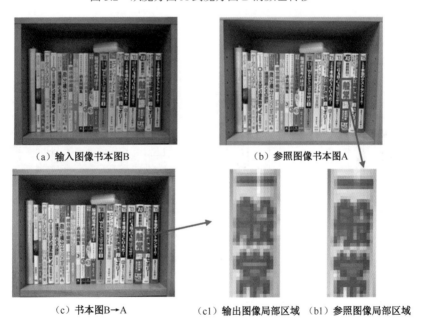

（a）输入图像书本图B

（b）参照图像书本图A

（c）书本图B→A

（c1）输出图像局部区域　　（b1）参照图像局部区域

图 3.3　书本图 B 到 A 的颜色转移

（a）风景图A→B

（b）风景图B→A

（c）风景图D→B

（d）风景图D→A

图 3.5　IDT 方法的输出图像

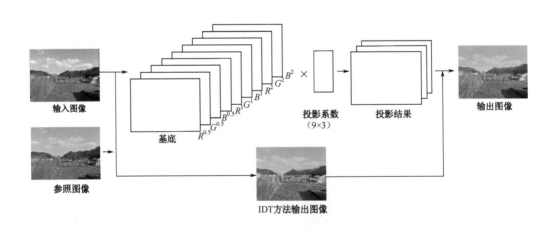

图 3.6　本书所提方法流程

（a）相机A　　　　　　（b）相机B

（c）相机C　　　　　　（d）相机D

图 3.8　风景图

（a）相机A　　　　　　（b）相机B

（c）相机C　　　　　　（d）相机D

图 3.9　书本图

（a）相机A

（b）相机B

（c）相机C

（d）相机D

图 3.10　魔方图

（a）风景图A

（b）风景图A放大的区域

（c）IDT输出图像

（d）IDT结果对应的区域

图 3.11　不同 α、β 取值的伪色标记情况

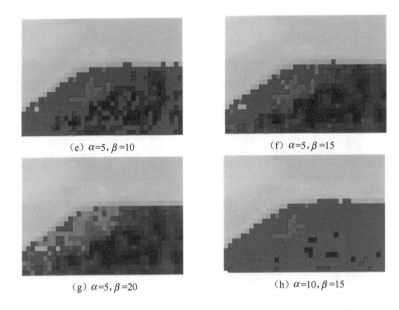

（e）$\alpha=5, \beta=10$

（f）$\alpha=5, \beta=15$

（g）$\alpha=5, \beta=20$

（h）$\alpha=10, \beta=15$

图 3.11　不同 α、β 取值的伪色标记情况（续）

（a）输入图像

（b）参照图像

（c）IDT输出图像

（d）3个基底投影结果

（e）9个基底投影结果

图 3.12　风景图经过不同基底得到的输出结果

（a）输入图像

（b）参照图像

（c）Reinhard等人的方法

（d）IDT方法

（e）Fu等人的方法

（f）Ueda等人的方法

（g）本节方法

图 3.13　书本图经过不同方法得到的输出结果

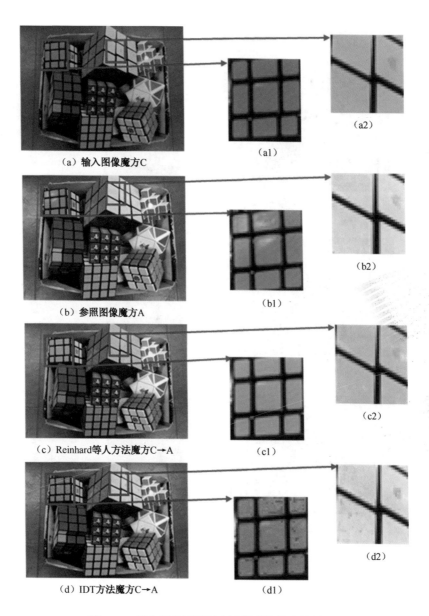

（a）输入图像魔方C （a1） （a2）

（b）参照图像魔方A （b1） （b2）

（c）Reinhard等人方法魔方C→A （c1） （c2）

（d）IDT方法魔方C→A （d1） （d2）

图 3.14　魔方图经过不同方法得到的输出结果

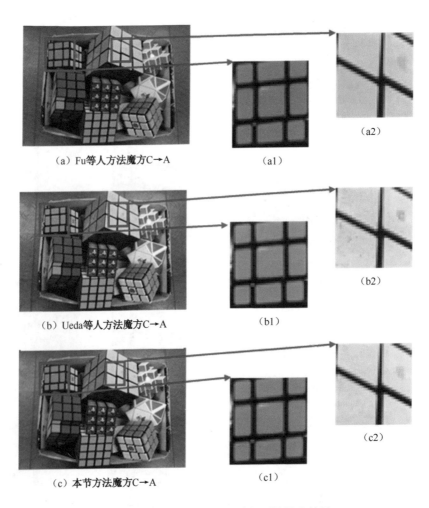

（a）Fu等人方法魔方C→A　　　　　　（a1）　　　　　　　　　　（a2）

（b）Ueda等人方法魔方C→A　　　　　　（b1）　　　　　　　　　　（b2）

（c）本节方法魔方C→A　　　　　　　　（c1）　　　　　　　　　　（c2）

图 3.15　魔方图经过不同方法得到的输出结果

（a）风景图A

（b）风景图B

（c）基于迭代分布转移的颜色转移方法

（d）基于伪彩色抑制的颜色转移方法

图 3.16 从风景图 A 到风景图 B 的颜色转移

（a）原始图像

（b）亮度分量

图 4.1 莫奈的 Impression 及其灰度图像

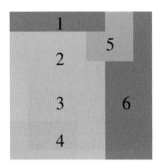

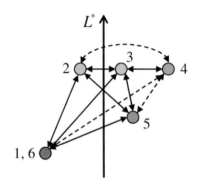

（a）原始图像　　　　　　（b）Color2Gray的计算情况（实线和虚线分别表示相邻区域和非相邻区域）

图 4.2　Blocks 图像

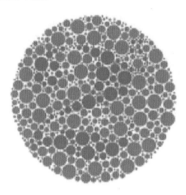

（a）Big Ben　　　　　　　　　　（b）Circles

（c）Geometric　　　　　　　　　（d）Voiture

图 4.4　实验中使用的图像

彩图

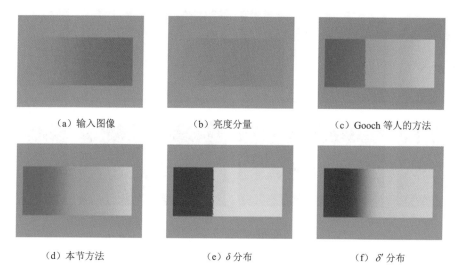

（a）输入图像　　　　　　（b）亮度分量　　　　　　（c）Gooch 等人的方法

（d）本节方法　　　　　　（e）δ 分布　　　　　　（f）δ' 分布

图 4.14　Gradation 图像的实验结果

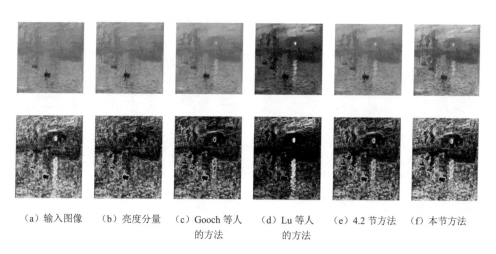

（a）输入图像　　（b）亮度分量　　（c）Gooch 等人　　（d）Lu 等人　　（e）4.2 节方法　　（f）本节方法
　　　　　　　　　　　　　　　　的方法　　　　　的方法

图 4.15　Impression 图像的灰度化结果图像及梯度图像

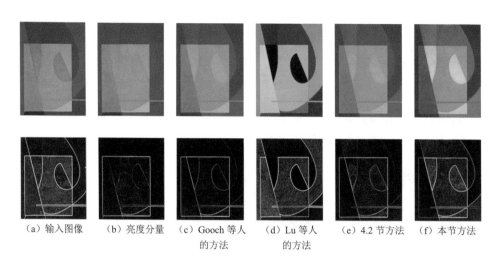

（a）输入图像　（b）亮度分量　（c）Gooch 等人 的方法　（d）Lu 等人 的方法　（e）4.2 节方法　（f）本节方法

图 4.16　Geometric 图像的灰度化结果图像及梯度图像

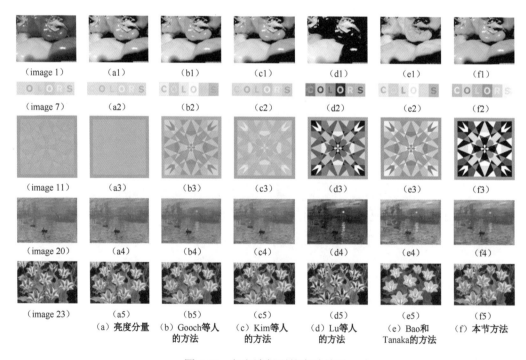

（image 1）　（a1）　（b1）　（c1）　（d1）　（e1）　（f1）

（image 7）　（a2）　（b2）　（c2）　（d2）　（e2）　（f2）

（image 11）　（a3）　（b3）　（c3）　（d3）　（e3）　（f3）

（image 20）　（a4）　（b4）　（c4）　（d4）　（e4）　（f4）

（image 23）　（a5）　（b5）　（c5）　（d5）　（e5）　（f5）

（a）亮度分量　（b）Gooch等人 的方法　（c）Kim等人 的方法　（d）Lu等人 的方法　（e）Bao和 Tanaka的方法　（f）本节方法

图 4.20　各方法得到的实验结果

（a）噪声地图

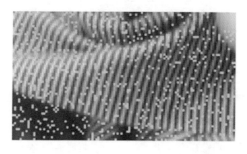

（b）本节方法（绿色像素代表 y，红色像素代表 m）

图 5.6　用本节方法对 Barbara 图像中的噪声像素进行处理（p =0.10）

（a）关注区域　　　　　　　　　　（b）原始图像

（c）噪声图像　　　（d）噪声地图　　　（e）本节方法

图 5.7　Lena 图像的右上部分

图 5.12　用本节方法对噪声图像 Barbara（p=0.15）处理后的图

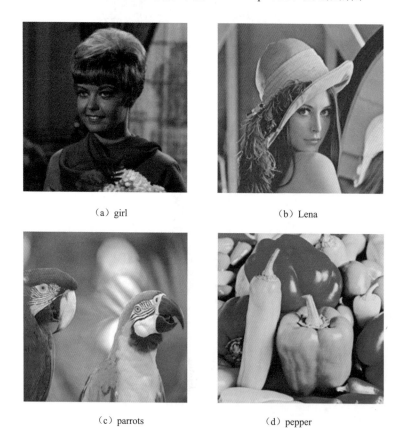

（a）girl　　　　　　　　　　　　（b）Lena

（c）parrots　　　　　　　　　　（d）pepper

图 5.16　实验中使用的彩色图像

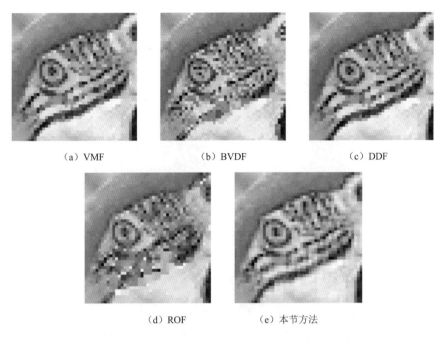

（a）VMF　　　　　　（b）BVDF　　　　　　（c）DDF

（d）ROF　　　　　　（e）本节方法

图 5.18　parrots 图像的噪声模型 1 的实验结果（p_1=0.10）

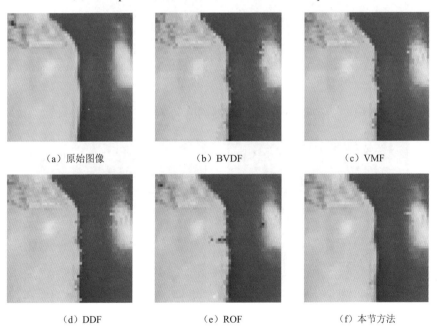

（a）原始图像　　　　　　（b）BVDF　　　　　　（c）VMF

（d）DDF　　　　　　（e）ROF　　　　　　（f）本节方法

图 5.19　pepper 图像的噪声模型 2 的实验结果（p_2=0.30）

（a）原始图像　　　　　　　　　　　（b）深度图

图 6.1　灰度图表示场景深度信息

（a）RGB 图　　　　　　　　　　　（b）深度图

图 6.2　RGB-D 相机拍摄图像获取到的深度图

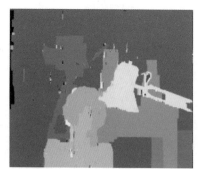

图 6.4　全局立体匹配算法

彩图

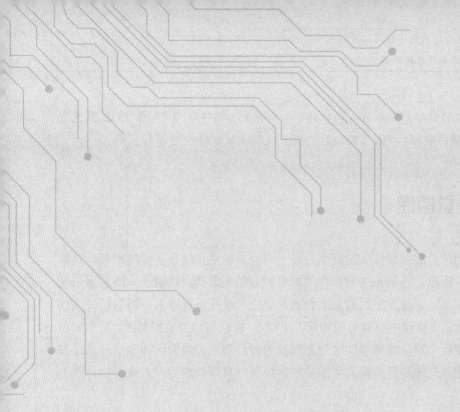

第 1 章

绪　论

本章主要介绍色觉原理、色觉理论、可见光、颜色空间（包括 RGB 颜色空间、HSV 颜色空间、CIE XYZ 颜色空间、CIE L*a*b*颜色空间）。

1.1　色觉原理

视觉的产生靠的是强大的视觉系统。眼睛是视觉系统最重要的部分，其结构如图 1.1 所示。视觉系统发挥作用的过程开始于眼睛，结束于大脑。太阳光照射到物体上，光线发生反射之后经过角膜进入瞳孔进行调节，随后经过晶状体发生折射，聚焦到中央凹形成物像[1]。这时，视锥细胞接收到刺激，其中的色素分子发生化学反应将光学图像信息转换为神经信号。最后，神经信号通过与视锥细胞相连的光神经传输到大脑皮层。经过一系列处理后，人就对物体产生了视觉[2]。

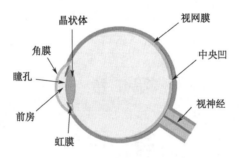

图 1.1　眼睛结构图（见彩图）

色觉是人类视觉系统对颜色的感知。物体的各种信息通过反射光线被感知，其中的颜色信息是通过反射光的波长特征被感知的，因为不同颜色的光具有不同的波长。视网膜结构如图 1.2 所示。人眼能够感受光线主要靠的是分布在视网膜上的两种感光细胞，其主要功能是将接收到的光刺激转换为神经信号。这两种感光细胞是根据形状被命名的。外形呈圆柱形的被称为视杆细胞，分散分布在黄斑区以外的视网膜上，这种感光细胞中只有一种视色素，没有辨色能力，主要用来感受弱光。这就是在微弱光线的黑暗环境下，只有物体大体上的大小和形状能够被感知而其颜色却无法被感知的原因。外形呈圆锥形的被称为视锥细胞，集中分布在中央凹的黄斑区，这种感光细胞中含有三种与色觉相关的视色素，有辨色能力，能够感受强光。含有不同视色素的视锥细胞对不同波长的光有不同程度的敏感性，从而形成不同的色觉感知。

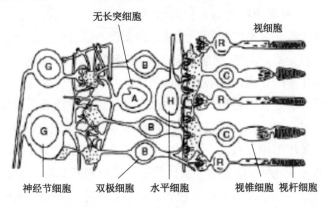

图 1.2 视网膜结构

1.2 色觉理论

为了解人类色觉系统的运行机理，科学家进行了大量的理论研究，也得出了很多研究成果。最有代表性的色觉理论是赫尔姆霍兹的三色说和黑林的四色说[3]。

1860 年，赫尔姆霍兹提出三色说，他认为让人产生色觉的是视网膜上的三种不同的色觉感受器，即红色感受器、绿色感受器、蓝色感受器，分别对红色光、绿色光、蓝色光敏感，并使人脑产生红色、绿色、蓝色的感觉。这三种颜色感受器对不同波长的光有不同程度的反应。长波长的光会使红色感受器的反应最强烈，并使大脑产生红色感觉；中波长的光会使绿色感受器的反应最强烈，并使大脑产生绿色感觉；短波长的光会使蓝色感受器的反应最强烈，并使大脑产生蓝色感觉。三种颜色感受器不同程度兴奋的比例关系共同决定了人类所看到的颜色，如果比例相同则会产生白色感觉。根据三色说，负后像是某种颜色感受器长时间兴奋而产生疲劳的结果。例如，眼睛注视一段时间纯绿色背景，然后瞬间切换到白色背景，此时由于绿色感受器疲劳不再接收刺激，只有红色感受器和蓝色感受器会接收刺激，因而产生红-蓝混合色（紫色）的后像。但这一学说也有其不足之处，按照这一学说，没有红色感受器和绿色感受器的红-绿色盲患者不能感知到红-绿混合色（黄色）及三种颜色感受器同时兴奋时产生的白色和灰色，这与红-绿色盲患者的实际感知情况不符。

1874 年，黑林提出四色说，他认为自然界中有红、绿、蓝、黄四种原色，因为这四种颜色看起来是纯色而不是某几种颜色的混合色。黑林提出视网膜上存在三对色觉感受器，即红-绿感受器、黄-蓝感受器、黑-白感受器。每对色觉感受器之间存在颉颃作用，能够互相抵消彼此的刺激作用，这三对色觉感受器对光的综合反应决定人眼看到的颜色。该学说认为存在颉颃作用的红-绿和黄-蓝这两对色光混合和白光会引发黑-白机制，如果是等量混合，颉颃作用使得这两种色光的刺激作用相互抵消，引发的黑-白机制让观察者只能感知到白光；而在不等量的情况下，两对色光的刺激作用不能完全相互抵消，引发黑-白机制的活动之后强度较大的色光将变得不饱和。如果是不存在颉颃作用的两种色光混合，则观察者的感知结果是两种色光的混合色，如红光和黄光混合的感知结果是橙色光，绿光和蓝光混合的感知结果是青色光。按照四色说，负后像的产生是由于某种色光刺激突然停止后引发与其相关的对立机制产生补色的知觉结果。

三色说和四色说在很长一段时间内引发了激烈的争论，随着科学技术的发展，现代神经生理学的发现均给予两者有力的科学支持。实验研究发现，视网膜上存在三种视锥细胞，能够对红光、绿光、蓝光产生不同程度的兴奋，这支持了三色说；视觉传导通路上的视网膜神经节细胞和外侧膝状核细胞可以对白光和颜色光产生反应，具体可以分为对白光产生反应的细胞和四种对颜色起颉颃作用的感色细胞，这支持了四色说。将这两种学说统一起来解释色觉现象，将使色觉理论更加完善。

1.3　可见光

人眼能够看得见波长 380～780nm 的光线，不同波长的光具有不同的颜色。如图 1.3 所示，可见光随着波长从短到长，包括紫、蓝、青、绿、黄、橙、红 7 种主要颜色，而人眼能分辨出以这 7 种主要颜色为基础的 120～180 种不同的颜色[4]。人眼中用来辨识颜色的是分布在中央凹的三种感色视锥细胞。这三种锥体细胞对光谱中不同波长的光有不同的敏感程度，其中，主要对长波长（Long

Wavelength）的光敏感的被称为 L 视锥细胞；对中波长（Middle Wavelength）的光敏感的被称为 M 视锥细胞；对短波长（Short Wavelength）的光敏感的被称为 S 视锥细胞。光谱吸收曲线如图 1.4 所示。这三种锥体细胞在同一波长的光的刺激下都会兴奋，只是在兴奋程度上有所不同，三种不同程度的刺激共同决定了人眼看到的光的颜色，从而构造出人类的正常色觉。

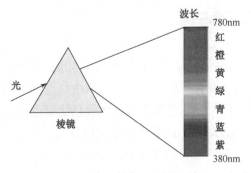

图 1.3　可见光（见彩图）

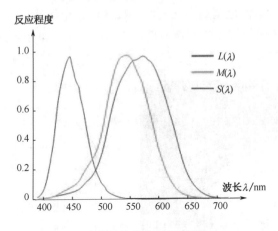

图 1.4　光谱吸收曲线（见彩图）

1.4　颜色空间

　　自然界有成千上万种颜色，每种颜色通常都具有亮度、饱和度、色调这三种属性。因此，如果将某一种颜色量化，必然就得用三个变量来表示。用以量化颜色的颜色空间就是由三个相对独立的变量构成的三维空间，其中每一个坐标点都代表一种颜色。对客观上的同一颜色从不同的角度加以描述，就产生了不同的颜色空间。不同的颜色空间有各自的特点和适用情景，根据对图像处理环境与要求的不同，可以选择在不同的颜色空间中对图像进行处理。本节将对所提方法中用到的颜色空间及它们之间的相互转换进行详细描述，包括 RGB 颜色空间、HSV 颜色空间、CIE XYZ 颜色空间、CIE L*a*b*颜色空间。

1.4.1 RGB 颜色空间

RGB 颜色空间[2]是以三原色理论为基础的，如图 1.5 所示为红绿蓝三原色。这三种原色以相同比例混合能产生白色，但其中任意两种原色以任意比例混合都无法产生第三种原色。三原色按照不同的混色比例进行叠加，从而产生了丰富而多样的颜色。RGB 颜色空间是一个以三原色为坐标轴的三维空间，黑色位于坐标轴原点，红色、绿色和蓝色分别位于三条坐标轴上。三原色有 256 个灰度级，取值范围是 0～255，不同灰度级的三原色混合可产生 256^3=16 777 216 种颜色。将三原色取值范围归一化之后，RGB 颜色空间就是一个单位长度的立方体，如图 1.6 所示。根据三基色原理，任何色光都可以用不同比例的 R、G、B 三色相加混合而成。

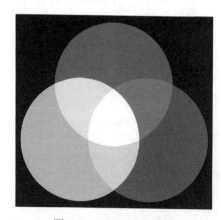

图 1.5 三原色（见彩图）

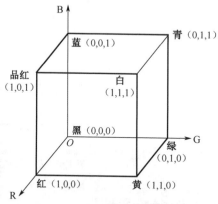

图 1.6 RGB 颜色空间图示

RGB 颜色空间是面向设备的，其最大的优点是简单、容易理解，但在颜色的描述上也有一定的不足。首先，RGB 颜色空间是利用三个颜色分量的线性组合来表示颜色的，无法直观地判断给定的 RGB 值所代表的是何种颜色；其次，由于 RGB 颜色空间中的三原色分量具有高度相关性，因此一种颜色的整体印象会随着其中任意一个分量的改变而发生明显的改变；最后，正常视力的人眼对不同波长的色光有不同的敏感度，对波长约为 555nm 的黄绿色最为敏感，其次为绿色、红色、蓝色，这造成 RGB 颜色空间的均匀性很差。并且，人眼对两种颜色在视觉上的感知差异无法与这两种颜色在 RGB 颜色空间中的欧氏距离相匹配，这导致了 RGB 颜色空间在颜色表示上不是很直观。

1.4.2　HSV 颜色空间

HSV 颜色空间是基于人类视觉感知颜色创建的，也称六角锥空间模型，如图 1.7（a）所示，模型中描述颜色的参数分别是色调（Hue）、饱和度（Saturation）和明度（Value）。

通常来说，色调（Hue）是指颜色整体的倾向程度，代表了颜色本质属性的特征，色调是由物体的反射光在可见光谱的哪个波段占优势来决定的。色调描述的是彩色所具有的色度种类，标志具有相同亮度的彩色和非彩色的不同。

饱和度（Saturation）是指色彩的鲜艳程度（纯色被白光稀释的程度），一般饱和度越高颜色越鲜艳，饱和度越低颜色越暗淡。如果一种纯色中掺入的白光越多，那就说明该颜色纯度越低，该颜色看起来更加褪色；反之，当纯色光中掺入的白光越少，那就说明该纯色的纯度越高，显得越饱满，表现越鲜明，饱和度越高。

明度（Value）是指人眼对光线明亮程度的感知，与光源强度或物体表面的反射率有关。定义明度的两个极端情况是：明度最高的情况可认为是白色，明度最低的情况相当于黑色，此外的情况都认为是灰色。在很多情况下，明度都被简单地理解为颜色的亮度。

HSV 模型的定义与 RGB 模型有很大的关联。HSV 是 RGB 颜色模型中分量的角表示，它重排了 RGB 模型的几何分布，形成了一个倒立的圆锥，比笛卡儿（立方体）坐标更加直观。

图 1.7（b）由六角锥空间模型水平截面得到，观察可得各色彩对应的色度值，色调 H 描述的是纯色本质属性，如红、绿，该分量的取值范围是[0, 360°)；饱和度 S 表示颜色接近光谱色的程度，通常取值范围是[0, 1]；亮度 V 描述颜色的亮暗程度，通常取值范围是[0, 1]，从黑到白与光源的光亮度有关，如灰度级就是一种亮度概念，亮度分量是灰度图像的关键信息点。

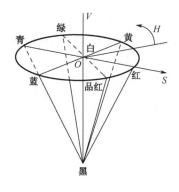

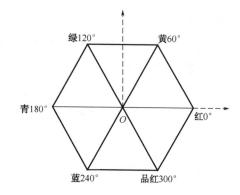

（a）六角锥空间模型　　　　　　　　　　　　　（b）HSV平面

图 1.7　HSV 六角锥模型

　　由于 HSV 颜色空间能够直接分离出图像的亮度分量且不影响其他分量，因此一般对低照度图像进行增强处理时，常常会将图像由 RGB 颜色空间转换到 HSV 颜色空间，对 V 分量进行增强处理，最后再转回 RGB 颜色空间。RGB 颜色空间转换到 HSV 颜色空间的方式如下：

$$R' = \frac{R}{255}$$
$$G' = \frac{G}{255} \tag{1.1}$$
$$B' = \frac{B}{255}$$

$$V = \max(R', G', B') \tag{1.2}$$

$$S = \frac{\max(R', G', B') - \min(R', G', B')}{\max(R', G', B')} \tag{1.3}$$

$$H = \begin{cases} 0, & S = 0 \\ 60° \times \dfrac{G' - B'}{S \times V}, & S \neq 0 且 R' = \max(R', G', B') \\ 60° \times \left(\dfrac{B' - R'}{S \times V} + 2 \right), & S \neq 0 且 G' = \max(R', G', B') \\ 60° \times \left(\dfrac{R' - G'}{S \times V} + 4 \right), & S \neq 0 且 B' = \max(R', G', B') \end{cases} \tag{1.4}$$

式中，$\max(R', G', B')$ 为 RGB 分量中的最大值，$\min(R', G', B')$ 为 RGB 分量中的最小值。

HSV 颜色空间转换到 RGB 颜色空间的方式如下：

$$S = 0, R' = G' = B' = V \tag{1.5}$$

$$H = 2\pi \text{且} S \neq 0, \ H = 0$$

$$H \neq 2\pi \text{且} S \neq 0, \ \begin{cases} H_d = \dfrac{H \times 3}{\pi} \\ h = [\text{INT}]H_d \end{cases} \tag{1.6}$$

式中，[INT] 表示取整操作。

$$P = V \times (1 - S) \tag{1.7}$$

$$Q = V \times \left[1 - S \times (H_d - h)\right] \tag{1.8}$$

$$T = V \times \left[1 - S \times (1 - H_d + h)\right] \tag{1.9}$$

$$(R', G', B') = \begin{cases} (V, T, P), & h = 0 \\ (Q, V, P), & h = 1 \\ (P, V, T), & h = 2 \\ (P, Q, V), & h = 3 \\ (T, P, V), & h = 4 \\ (V, P, Q), & h = 5 \end{cases} \tag{1.10}$$

1.4.3 CIE XYZ 颜色空间

国际照明委员会（International Commission on Illumination，CIE）为了将各种色光进行量化，首先制定了 CIE1931 RGB 色度系统[3]。通过颜色匹配实验，测得各波长单色光的光谱三刺激值(R、G、B)。CIE1931 RGB 色度系统的色度坐标与光谱三刺激值之间的关系如式（1.11）和式（1.12）所示，(r, g, b) 是三原色光的光谱三刺激值分别在 $R+G+B$ 的总量中所占的比例，三个比例关系共同决定了一种颜色的色度。

$$\begin{aligned} r &= \frac{R}{R + G + B} \\ g &= \frac{G}{R + G + B} \\ b &= \frac{B}{R + G + B} \end{aligned} \tag{1.11}$$

$$r + g + b = 1 \qquad\qquad (1.12)$$

CIE1931 RGB 色度系统的 *r-g* 色度图和三刺激曲线分别如图 1.8 和图 1.9 所示，可以看到有很大一部分出现负值，导致该色度系统用起来不方便，也不易理解。因此，CIE 为了从理论上来匹配一切色彩并以非负值表示颜色，在 CIE1931 RGB 色度系统的基础上假设了只在理论上存在的三原色 X、Y、Z，建立了一个新的色度系统——CIE1931 XYZ 色度系统。(*X, Y, Z*)三刺激值由 CIE1931 RGB 色度系统线性变换转换得到，*x-y* 色度图和 XYZ 三刺激曲线分别如图 1.10 和图 1.11 所示。

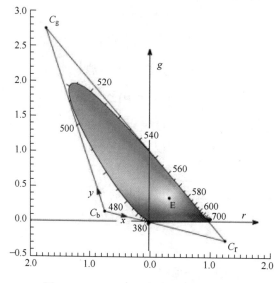

图 1.8　CIE1931 *r-g* 色度图（见彩图）

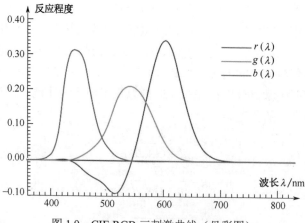

图 1.9　CIE RGB 三刺激曲线（见彩图）

但实验证明，以上两种色度系统下的三刺激值差值相同的不同颜色组合，人眼对其的色觉感知差异是不同的。这说明 CIE XYZ 颜色空间中的两种颜色之间的欧氏距离不能正确反映人眼对这两种颜色的感知差异，因此它不是一种可以直观地评价颜色的颜色空间。

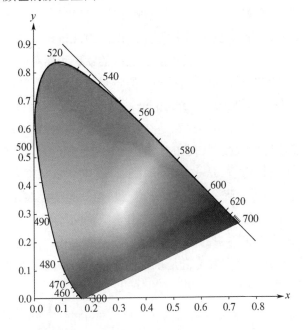

图 1.10 CIE1931 x-y 色度图（见彩图）

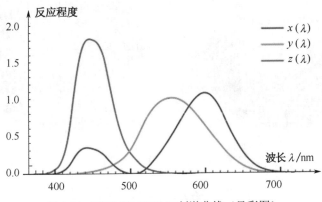

图 1.11 CIE1931 XYZ 三刺激曲线（见彩图）

1.4.4 CIE L*a*b*颜色空间

为弥补以上两种颜色空间的不足，CIE 制定了与设备无关的 CIE L*a*b*颜色空间，它是一个均匀的颜色空间[4]。CIE L*a*b*颜色空间可以表示的颜色范围比 RGB 颜色空间大得多，它可以表示全部的人类可见光，自然界中存在的所有颜色都能够在 CIE L*a*b*颜色空间中表示出来。CIE L*a*b*颜色空间对颜色的描述基于人眼对颜色的真实感觉，两种颜色之间的欧氏距离可以用来表示人眼对这两种颜色之间真实的感知差异，对颜色的表示较为直观。

CIE L*a*b*颜色空间是一个三维空间，由 L^*、a^*、b^*三个要素组成，其中，L^*与亮度有关，a^*、b^*与色品有关。L^*是亮度分量，范围为[0, 100]，L^*从 0 到 100 的变化表示从黑色逐渐过渡到白色的变化。a^*、b^*是颜色分量，范围都是[-128, +127]，a^*表示红-绿分量，从+127 到-128 的变化表示从洋红色逐渐过渡到绿色的变化，b^*表示黄-蓝分量，从+127 到-128 的变化表示从黄色逐渐过渡到蓝色的变化，红色盲和绿色盲都是由于缺失 a^*分量。这三个变量取不同的值，就形成了自然界中的所有颜色，其空间如图 1.12 和图 1.13 所示。图中的 CIE L*a*b*颜色空间看上去是规则的，只是为了图示方便，实际上它是不规则的颜色空间。

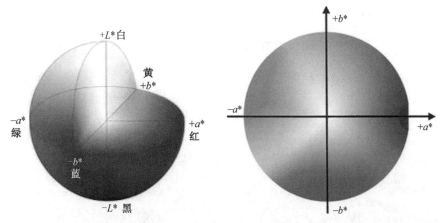

图 1.12　CIE L*a*b*颜色空间（见彩图）　　　图 1.13　a^*b^*平面（见彩图）

RGB 颜色空间与 CIE L*a*b*颜色空间之间不能直接进行转换，需要将 CIE XYZ 颜色空间作为转换媒介。

假设 r、g、b 是给定输入图像像素值的三个通道，取值范围为[0, 255]。由于图像的三通道值是非线性的，因此在对输入图像进行处理之前要做的第一步是进行 Gamma 校正，通过式（1.13）和式（1.14）将输入图像转换到 RGB 颜色空间。

$$\begin{cases} R = \mathrm{gamma}\left(\dfrac{r}{255.0}\right) \\ G = \mathrm{gamma}\left(\dfrac{g}{255.0}\right) \\ B = \mathrm{gamma}\left(\dfrac{b}{255.0}\right) \end{cases} \tag{1.13}$$

$$\mathrm{gamma}(x)=\begin{cases} \left(\dfrac{x+0.055}{1.055}\right)^{2.4}, & x > 0.04045 \\ \dfrac{x}{12.92}, & \text{其他} \end{cases} \tag{1.14}$$

要想将输入图像从 RGB 颜色空间转换到 CIE L*a*b* 颜色空间进行处理，需要先通过以下变换矩阵将图像从 RGB 颜色空间转换到 CIE XYZ 颜色空间，即

$$\begin{bmatrix} X \\ Y \\ Z \end{bmatrix} = \begin{bmatrix} 0.412453 & 0.357580 & 0.180423 \\ 0.212671 & 0.715160 & 0.072169 \\ 0.019334 & 0.119193 & 0.950227 \end{bmatrix} \begin{bmatrix} R \\ G \\ B \end{bmatrix} \tag{1.15}$$

然后再通过式（1.16）和式（1.17）所示的变换关系从 CIE XYZ 颜色空间转换到 CIE L*a*b* 颜色空间。

$$L^* = 116 f\left(\frac{Y}{Y_n}\right) - 16$$

$$a^* = 500\left[f\left(\frac{X}{X_n}\right) - f\left(\frac{Y}{Y_n}\right) \right] \tag{1.16}$$

$$b^* = 200\left[f\left(\frac{Y}{Y_n}\right) - f\left(\frac{Z}{Z_n}\right) \right]$$

$$f(t)=\begin{cases} t^{1/3}, & t > \left(\dfrac{6}{29}\right)^3 \\ \dfrac{1}{3}\left(\dfrac{29}{6}\right)^2 t + \dfrac{4}{29}, & \text{其他} \end{cases} \tag{1.17}$$

式中，X_n、Y_n、Z_n 为标准白色的三刺激值，分别为 95.047、100.0、108.883。

处理后的图像要从 CIE L*a*b*颜色空间转换到 RGB 颜色空间才可以输出。转换过程中要先通过式（1.18）和式（1.19）将图像从 CIE L*a*b*颜色空间转换到 CIE XYZ 颜色空间，即

$$Y = Y_n f^{-1}\left[\frac{1}{116}\left(L^* + 16\right)\right]$$

$$X = X_n f^{-1}\left[\frac{1}{116}\left(L^* + 16\right) + \frac{1}{500}a^*\right] \tag{1.18}$$

$$Z = Z_n f^{-1}\left[\frac{1}{116}\left(L^* + 16\right) + \frac{1}{200}b^*\right]$$

$$f^{-1}(t) = \begin{cases} t^3, & t > \dfrac{6}{29} \\ 3\left(\dfrac{6}{29}\right)^2\left(t - \dfrac{4}{29}\right), & \text{其他} \end{cases} \tag{1.19}$$

然后通过矩阵变换式（1.20）将图像从 CIE XYZ 颜色空间转换到 RGB 颜色空间，即

$$\begin{bmatrix} R \\ G \\ B \end{bmatrix} = \begin{bmatrix} 3.240479 & -1.537150 & -0.498535 \\ -0.969256 & 1.875992 & 0.041556 \\ 0.055648 & -0.204043 & 1.057311 \end{bmatrix}\begin{bmatrix} X \\ Y \\ Z \end{bmatrix} \tag{1.20}$$

最后用式（1.13）和式（1.14）的逆过程进行 Gamma 逆校正，将输出图像在显示器上显示出来。

1.5　本章小结

本章介绍了图像预处理相关的理论知识和基本概念。首先介绍了色觉原理、色觉理论及可见光，重点关注了颜色空间的知识，详细介绍了常用颜色空间中通道的相关性。通过对 RGB 颜色空间、CIE XYZ 颜色空间、CIE L*a*b*颜色空间的深入研究，介绍了各种颜色空间的特点。还详细讲解了 RGB 颜色空间和 CIE L*a*b*颜色空间的转换方法，使读者能够灵活地在不同的颜色空间进行转换和应用。

本章参考文献

[1]   FAIRCHILD M D. Color appearance models[M]. Pondicherry: John Wiley & Sons, 2013.

[2]   RAFAEL C G, RICHARD E W. Digital image processing[M]. New York: Pearson Education, 2018.

[3]   SZELISKI R. Computer vision: Algorithms and applications[M]. New York: Springer Cham, 2022.

[4]   SONKA M, HLAVAC V, BOYLE R. Image processing, analysis and machine vision[M]. Stamford: Springer, 2013.

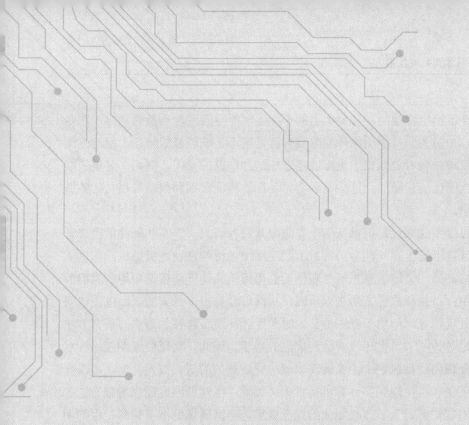

第 2 章

基于 Gamma 校正的彩色图像
对比度增强方法

当用设备拍摄图像时，任何类型的干扰都可能导致图像质量的恶化。在弱光条件下，拍摄的照片中的物体通常会有能见度不足或较差的问题。相机性能不佳或相机操作员专业知识不足可能是造成这种现象的原因。例如，对象的细节模糊导致图像质量降低。这些问题会对目标检测、识别和跟踪等视觉任务造成不利影响。

对低照度图像来说，可以从两个方面对其进行研究。一是从硬件角度来考虑，虽然现在市场上有一些专门针对低照度环境拍摄的高性能摄影机，但这类摄影机价格高昂，灵敏的感光器件和精美的摄像镜头均无法普遍应用在人们的日常生活中；二是从软件方面进行研究，目前已经有很多经典的低照度图像增强方法来处理图像，但由于在图像获取时，受到环境多样性的影响，现有方法还不能满足各种要求，也还没有达到成熟的地步。因此，对低照度图像进行对比度增强处理仍是目前数字图像处理领域中比较热门的研究方向，如在道路交通、医学图像和监控视频等计算机视觉相关领域。虽然低照度图像增强方法各有不同，但它们都是为了改善图像的视觉效果，丰富图像的细节信息，保护图像的颜色信息，使人们可以从低照度图像中发掘出更多的有效信息。因此，增强低照度图像的对比度具有重要的研究意义。

2.1 基本理论知识

2.1.1 直方图均衡化

图像的直方图反映了图像灰度级与其概率密度分布之间的关系，描述了一幅图像灰度分布的统计规律。对比度是指图像中各部分像素点之间灰度级差异的程度。对比度增强实质为通过改变原图中各部分像素点之间灰度级的反差进而加大图像对比度的方法。直方图均衡化[1]将原始图像的灰度值进行扩展，使图像在灰度级内分布更加均匀，从而达到调整图像区域亮度及增强对比度的目的。直方图均衡化方法的具体内容如下。

设 r 为原始图像的灰度级，$P_r(r)$ 表示原始图像的概率密度函数，$P_s(s)$ 表示直方图均衡化处理后的增强图像的概率密度函数，$T(r)$ 为增强方法中的变换

函数，得出输出图像的灰度值。变换公式为

$$s = T(r) = \int_0^r p_r(r)\mathrm{d}\omega \tag{2.1}$$

$$P_s(s) = \left[p_r(r)\frac{\mathrm{d}r}{\mathrm{d}s} \right]_{r=T^{-1}(s)} \tag{2.2}$$

式中，s 表示输出图像的灰度级，ω 是积分变量，而 $\int_0^r P_r(\omega)\mathrm{d}\omega$ 就是 r 的累积分布函数，$s = T(r)$ 满足的条件为 $T_r(r)$ 在 $0 \leqslant r \leqslant 1$ 时，$T(r)$ 在区间内单调递增且 $0 \leqslant T(r) \leqslant 1$，等式（2.1）两边对 r 求导，即

$$\frac{\mathrm{d}s}{\mathrm{d}r} = \frac{\mathrm{d}T(r)}{\mathrm{d}r}P_r(r) \tag{2.3}$$

把结果代入式（2.2）可得

$$P_s(s) = \left[P_r(r) \cdot \frac{1}{\mathrm{d}s/\mathrm{d}r} \right]_{r=T^{-1}(s)} = \left[P_r(r) \cdot \frac{1}{P_r(r)} \right] = 1 \tag{2.4}$$

由式（2.4）可知，图像经过直方图均衡化后，输出图像的灰度值 s 在其定义域内的概率密度是均匀的。因此，用输入图像的灰度级 r 的累积分布函数作为变换函数，产生一幅灰度级分布具有均匀概率密度的图像，其结果扩展了像素取值的动态范围，使得图像对比度得到增强。

如图 2.1 为直方图均衡化示例，从图 2.1（b）中可以清楚地看到图像的像素在整个灰度区间的整体分布情况，图 2.1（c）为直方图均衡化处理后的图像，可以从图 2.1（d）中观察到，直方图中各灰度级的数量有明显的变化，具体表现为低灰度级的数量减少，高灰度级的数量增加。换句话说，灰度级进行了拉伸，动态范围增大，但存在灰度级缺失现象，导致图像细节信息丢失。

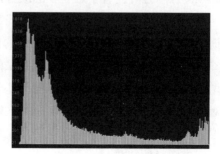

（a）输入图像　　　　　　　　　　　　（b）输入图像的直方图

图 2.1　直方图均衡化示例（见彩图）

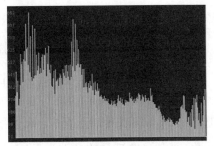

（c）直方图均衡化结果图像 　　　　（d）直方图均衡化后图像的直方图

图 2.1　直方图均衡化示例（见彩图）（续）

直方图均衡化可以分为全局均衡化和局部均衡化两类[2]。Kim 等人提出了基于图像均值分割、保持亮度的双直方图均衡化[3]，该方法处理后的图像灰度均值在理论上介于输入图像的均值和中值之间。缓解了传统直方图均衡化过度增强的问题，并且对直方图均衡化后带来的噪声也有一定的处理。Wang 等人提出了二元子图像直方图均衡化[4]，该方法利用概率密度函数将图像分成两个面积相等的子图像并分别进行均衡化处理，再将其子图像合并，该方法不仅能有效地增强图像信息，而且能很好地保留原始图像的亮度。该方法可以直接用于视频系统中。Chen 等人提出基于平均亮度递归分解的多直方图均衡方法[5]，该方法先对以平均亮度为阈值分解的两个子直方图进行二次递归分解，再做直方图均衡化处理，随着递归分解次数的增加，在理论上输出均值无限接近输入均值，使亮度得到最大限度的保持，但当递归次数过大时，图像增强效果会很差。在此基础上，Sim 等人提出了基于中值的递归子图像直方图均衡化方法[6]，该方法在图像增强方面有了进一步的改善，不过未能较好地解决迭代次数的问题。

对不同区域的不同对比度来说，局部均衡化方法突显而出，如 Iwanami 等人提出的基于区域动态直方图均衡化的自适应对比度增强方法[7]，该方法可以对参数自动进行调节，明显减少了方法的运行时间。为了更好地提高图像亮度并增强图像细节，Banik 等人提出了基于直方图均衡化和光照调节实现微光图像对比度增强方法[8]，该方法将图像转换至 HSV 颜色空间中，先用直方图均衡化增强图像对比度，再调整光照分量来增强图像细节，该方法可以增强不同类型低照度图像的细节。

除直方图均衡化及其变体的图像增强方法外，基于线性函数变换与传统的 Gamma 校正[9]等图像增强方法也得到了学者们的大量研究。Celik 和 Tjahjadi 提出了上下文和变分对比[10]，该方法使用输入图像的二维直方图中像素间的上下文信息，通过最小化输入二维直方图与均匀分布直方图差异的 Frobenius 范数之和，得到平滑的二维目标直方图来执行增强，因此该技术的计算复杂度变得非常高。Lee 等人提出了基于二维直方图分层差分表示的对比度增强方法[11]，该方法通过放大相邻像素之间的灰度差异来增强图像的对比，先从输入图像中得到二维直方图，用树状层级结构表示灰度差异，再导出每个层的变换函数，并将它们聚合成最终所需的变换函数，用于将输入灰度映射到输出灰度来增强图像，该方法增强效果明显。Arici 等人提出了图像对比度增强的直方图修正框架[12]，在该方法框架中，对比度增强作为一个优化问题被提出来，使成本函数最小化，通过减少对应背景区域大平滑区的影响来解决伪影问题，通过降低背景细节来增强对象细节。

2.1.2　Gamma 校正

Gamma 校正源于 CRT（显示器/电视机）的响应曲线，即其亮度与输入电压的非线性关系。Gamma 校正就是对图像的 Gamma 曲线进行编辑，以对图像进行非线性色调编辑的方法，检出图像信号中的深色部分和浅色部分，并使两者比例增大，扩大图像的动态范围，从而达到提高图像对比度的效果。

Gamma 校正的运算较为简单，直接通过灰度值的函数变换来完成图像处理。其在图像处理中的标准形式为

$$T(l) = l_{\max} \left(\frac{l}{l_{\max}} \right)^{\gamma} \tag{2.5}$$

式中，$T(l)$ 为变化后的像素值，l 和 $l_{\max}$ 分别为输入图像的像素值和像素最大值。γ 作为变换过程中的控制参数，在基于 Gamma 校正的图像增强方法中起关键作用，该参数决定最终的增强效果。

Gamma 校正的变换曲线与参数的关系如图 2.2 所示。从图 2.2 可以看出，当 $\gamma < 1$ 时，经过变换后灰度级主要向高灰度级区域拉伸，因而图像的亮度会整体提升；当 $\gamma > 1$ 时，图像的灰度级经过变换后向低灰度级延展，图像整体亮度下降，视觉效果变暗。

Gamma 校正的变化效果如图 2.3 所示，当 $\gamma > 1$ 时，图像整体亮度降低，

视觉效果变暗；当 $\gamma < 1$ 时，图像整体亮度增强，视觉效果发白。

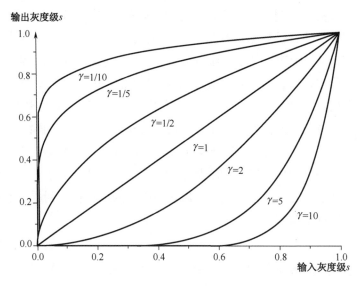

图 2.2　Gamma 校正的变换曲线与参数的关系

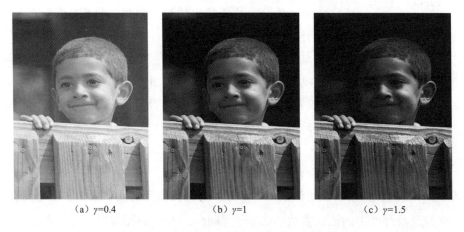

（a）γ=0.4　　　　　　　　（b）γ=1　　　　　　　　（c）γ=1.5

图 2.3　Gamma 校正的变化效果（见彩图）

　　基于 Gamma 校正的方法对图像进行全局幂律变换，其核心思路是让像素拉伸或压缩到某个灰度范围。其主要的创新是对 Gamma 参数的调整。Moroney 提出了基于非线性掩模的局部色彩校正方法[13]，该方法主要利用邻域信息估计当前每个像素，对应地导出一个特定的色调再现曲线，从而确定像素点的特定指数值，通过反色和高斯滤波获得邻域信息，此局部校正方法效果明显优于全局。Huang 等人提出具有加权分布的自适应 Gamma 校正[14]，该方法利用自适应 Gamma 校正来改变图像像素并采用补偿的累积分布函数来修改 Gamma 参数，虽然增强了图像的整体亮度和保持了亮区域的细节对比，但当输入图像缺少亮区域时，该方法无法达到预期效果，因为输出图像的最大像素值受输入图像最大像素值的限制。

2.1.3　Retinex

Retinex[15]模型如图 2.4 所示。Retinex 又称色彩恒常性理论，在生物学上的解释是，无论物体表面的照射光颜色如何改变，人眼对物体颜色的感知是持久不变的，换句话说，对一种物体，由于环境光照的差异，物体表面的反射谱会有所变化，人类能自动调节视觉识别系统感知变化，当光照变化在特定范围内时，人类识别机制认为该物体表面颜色恒定不变。即人眼观察到物体的颜色是由物体表面的反射性质所决定的，与入射光的颜色无关。Retinex 表明图像由照射分量和反射分量组成，图像可以用照射分量和反射分量的乘积形式来表示，其数学表达式为

$$S(x, y) = L(x, y) \cdot R(x, y) \qquad (2.6)$$

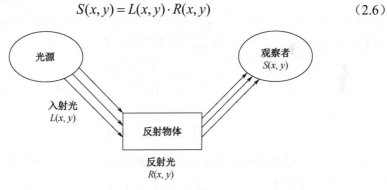

图 2.4　Retinex 模型

式中，$S(x, y)$ 表示图像的像素值，$R(x, y)$ 表示图像反射分量的像素值，$L(x, y)$ 为图像照射分量的像素值。在对数域中反射分量的表达式为

$$\log_2 R(x, y) = \log_2 S(x, y) - \log_2 L(x, y) \qquad (2.7)$$

然而在实际中，无法直接得出照射分量，因此当前很多研究都专注于对照射分量的研究，在对数域得到图像的照射分量后，再量化到[0, 255]范围内即可

得到增强的图像，Retinex 方法流程如图 2.5 所示。

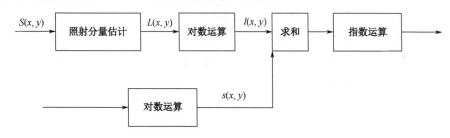

图 2.5 Retinex 方法流程

1. 单尺度 Retinex

Jobson 等人[16-17]提出的单尺度 Retinex（Single-Scale Retinex，SSR）是在二维的角度对照射分量进行估计的，通过滤波函数对照射分量的某个像素点及其邻域范围内的像素点加权平均获得，以卷积的形式表示出来。离目标像素点越远的区域与这个像素的相关性越小，其权值也越小，因此，以高斯函数为中心环绕函数时，能够取得较好的增强效果。其数学表达式为

$$\log_2 R_i(x,y) = \log S_i - \log\left[G(x,y)*S_i(x,y)\right] \tag{2.8}$$

式中，i 表示三颜色通道（R，G，B）中的一个通道，$R_i(x,y)$ 表示相应颜色通道的反射分量，$S_i(x,y)$ 为相应颜色通道的原图，$G(x,y)$ 为高斯中心/环绕函数，*为卷积运算符号。高斯滤波函数的数学公式定义为

$$G(x,y) = \frac{1}{2\pi\sigma^2} e^{-\frac{x^2+y^2}{2\sigma^2}} \tag{2.9}$$

并满足：

$$\iint G(x,y)\mathrm{d}x\mathrm{d}y = 1 \tag{2.10}$$

式（2.9）中，σ 是高斯环绕尺度，决定了滤波窗口的大小。通常尺度因子 σ 的取值将直接影响图像细节等增强效果，当该值较小时，增强后的图像保持了良好的边缘细节，但图像对比度偏低，视觉效果不理想；当该值较大时，处理后的图像容易丢失细节。一般而言，其通常取值在 80～100，在此范围内，图像在色彩的保持、细节的体现及动态范围的压缩上均有不错的效果。

由式（2.7）计算得到的 $\log_2 R_i(x,y)$ 为对数域的反射分量。由于灰度级的范围是[0, 255]，所以需要对 $\log_2 R_i(x,y)$ 进行线性量化，最常见、最简约的方法是，求出 $\log_2 R_i(x,y)$ 的最大值 max 和最小值 min，增强后图像的像素值为

$$\log_2 R_i(x,y) = \frac{\log_2 R_i - \min}{\max - \min} \times 255 \tag{2.11}$$

低照度图像经过 SSR 方法处理过后，图像的照射分量由于低照度图像与高斯函数进行了卷积计算从而得到了较好的抑制，因此图像的反射分量得到了增强，使得图像的亮度得到了增强。但对不同的图像来说，SSR 方法的尺度因子可能是完全不同的，并且难以同时对图像的细节及色彩的饱和度都有较好的增强效果。

2. 多尺度 Retinex

为进一步解决 SSR 方法中动态范围压缩和色调对比度缺陷的问题，多尺度 Retinex（Multi-Scale Retinex，MSR）被提了出来[17]。该方法的原理是，在计算照射分量时，首先利用不同的尺度因子 σ_i 对原图像进行卷积来估计相应的照射分量，再对不同的尺度因子得到的照射分量进行加权求和，加权求和后的照射分量则为该方法求取的部分。MSR 方法实质上是对不同尺度下 SSR 方法增强后的每个像素点求平均值。MSR 方法中反射分量计算公式为

$$
\begin{aligned}
r_i(x,y) &= \log_2 R_{\mathrm{MSR}_i}(x,y) \\
&= \sum_{k=1}^{3} W_k \left\{ \log_2 S_i(x,y) - \log_2 \left[G_k(x,y) * S_i(x,y) \right] \right\}
\end{aligned}
\tag{2.12}
$$

式中，$i \in (R,G,B)$ 代表不同的颜色通道，$G_k(x,y)$ 表示参数为 k 的高斯函数，W_k 为不同尺度的权重比重，且满足 $\sum_{k=1}^{3} W_k = 1$，当 $k=1$ 时，即为 SSR 方法。通常 $W_1 = W_2 = W_3 = 1/3$，即选择大、中、小三个尺度的 SSR 增强，对这三个尺度下求得的反射分量进行平均加和，即得到要求取的反射分量。其中，高斯函数的表达式为

$$G_k(x,y) = Ce^{-\frac{x^2+y^2}{2\sigma_k^2}} \tag{2.13}$$

式中，C 为归一化常数，σ_k 表示高斯函数中不同的尺度因子。由于上述计算均在符合人眼直观感受的对数域中处理，所以需要将反射分量 $r_i(x,y)$ 量化到灰度域的范围内，得到增强后的图像。量化公式为

$$r_{\mathrm{MSR}_i}(x,y) = 255 \frac{\log_2 R_{\mathrm{MSR}_i}(x,y) - \min}{\max - \min} \tag{2.14}$$

式中，max、min 为 $\log_2 R_{\mathrm{MSR}_i}$ 中的最大值和最小值。由于 MSR 方法采用了平均

加权的方法，在一定程度上弱化了尺度因子变化带来的影响，所以能较好地增强图像的对比度和细节信息，也能较好地提升图像的亮度。但在使用该方法处理低照度图像时，是对 R、G、B 三个颜色通道分别进行处理的，增强处理后的各个颜色通道的色彩比值发生了改变，会放大图像噪声，导致色彩失真并出现光晕伪影等现象。

3. 其他基于 Retinex 的方法

Maschal 和 Young 提出了一种利用小波分解进行局部自适应对比度增强的方法[18]，该方法以边缘检测算子为基础小波，利用小波变换增加低能量梯度幅值，减小高能量梯度幅值，然后对图像做动态范围压缩，可以较好地提升图像质量。在航空图像上的应用结果表明，该方法在增强小细节的同时，能有效地防止振铃效应和噪声的过增强。Loza 等人的方法是首先建立小波系数的统计模型，其次在变换域用柯西先验分布进行滤波，再次检测图像的对比度，最后用对比度调整相应的小波系数，从而起到提升图像质量的作用[19]。

2.1.4　加权分布自适应 Gamma 校正方法

加权分布自适应 Gamma 校正（Adaptive Gamma Correction with Weighting Distribution，AGCWD）方法是一种有效的对比度增强方法[14]，它将自适应 Gamma 校正与已归一化的概率密度函数相结合作为权重函数，形成新的累积分布函数 $1 - \mathrm{CDF}_w[V(x,y)]$，并将其作为 AGCWD 参数以原始趋势的渐进量修改 Gamma 曲线的增强强度。利用 HSV 颜色模型可以将彩色图像增强到人类视觉可接受的程度，该模型可以将原始图像的消色差信息和彩色信息解耦，以保持颜色分布。在 HSV 彩色模型中，通过保留色调 H 和饱和度 S，增强亮度 V，可以实现彩色图像的增强。该方法在 HSV 颜色空间中的具体步骤如下。

步骤 1：遍历图像统计出各灰度级 r_i 的概率密度函数 $\mathrm{PDF}_{r_i}[V(x,y)]$，即

$$\mathrm{PDF}_{r_i}[V(x,y)] = \frac{n_i}{N}, \quad i = 0,1,2,\cdots,L-1 \tag{2.15}$$

步骤 2：为了标准化各灰度级的概率密度函数的数值以便于计算，该方法利用各灰度级的概率密度函数得出归一化后的权重分布函数 $\mathrm{PDF}_w[V(x,y)]$，即

$$\text{PDF}_w\big[V(x,y)\big] = \text{PDF}_{\max}\left\{\frac{\text{PDF}_{r_i}\big[V(x,y)\big] - \text{PDF}_{\min}}{\text{PDF}_{\max} - \text{PDF}_{\min}}\right\} \tag{2.16}$$

式中，$\text{PDF}_{\min}$ 和 $\text{PDF}_{\max}$ 是输入图像的概率密度函数 $\text{PDF}_{r_i}\big[V(x,y)\big]$ 中的最小值和最大值。

步骤 3：经过研究后发现修正的累积分布函数 $\text{CDF}_w\big[V(x,y)\big]$ 作为 Gamma 参数可以更显著地调整增强曲线，修正的累积分布函数可由上述权重函数得出，即

$$\text{CDF}_w\big[V(x,y)\big] = \frac{\displaystyle\sum_{V=0}^{V_{\max}}\text{PDF}_w\big[V(x,y)\big]}{\displaystyle\sum\text{PDF}_w} \tag{2.17}$$

$$\sum\text{PDF}_w = \sum_{V=0}^{V_{\max}}\text{PDF}_w(x,y) \tag{2.18}$$

式中，$V_{\max}(x,y)$ 为 V 通道中输入像素的最大值。通过完成上述修正的累积分布函数的变换实验，观察得出，补偿的累积分布函数 $1 - \text{CDF}_w\big[V(x,y)\big]$ 作为 γ 参数更具有增强意义。

步骤 4：由于自适应 Gamma 校正函数可以逐步增加低灰度级的增强量，避免高灰度级的显著下降，因此利用自适应 Gamma 校正函数来实现方法输出，即

$$V_{\text{AGCWD}}(x,y) = V_{\max}\left[\frac{V(x,y)}{V_{\max}}\right]^{\gamma} = V_{\max}\left[\frac{V(x,y)}{V_{\max}}\right]^{1-\text{CDF}_w[V(x,y)]} \tag{2.19}$$

利用输出后的 V_{AGCWD} 分量和保持不变的 H、S 分量，合并后将图像从 HSV 颜色空间转换回 RGB 颜色空间，得到增强后的图像。

2.2　基于 Gamma 校正及 Retinex 的彩色图像对比度增强方法

基于 Gamma 校正的混合直方图修正方法增强后的图像存在一定的问题，还可以再次进行改进。本节的改进方法可以在不影响原增强效果的前提下，对暗区域进行再次增强。

2.2.1 方法设计思路

如图 2.6 所示的输入图像，经过混合直方图修正方法增强后的图像在暗区域部分亮度仍然较低，小男孩左侧的面部图像亮度较低，其表述的信息细节较为模糊，头顶的树干看起来也比较模糊。小女孩图像右侧窗户内部光线较暗，无法看清窗户内的物体，小女孩身后窗户玻璃中的树叶影子较为模糊。本节提出了两种增强方法来处理该问题，第一种是利用基于 Gamma 校正方法处理已增强图像中某一亮度值以下的像素，该方法既提升了部分像素的亮度又保持了已增强图像的自然度。第二种是先利用基于 Retinex 的方法处理原图像，使得原图像整体像素较高，然后将处理后的图像输入基于 Gamma 校正混合直方图修正方法中得到增强图像，该方法能更好地处理图像细节。

图 2.6 输入图像（见彩图）

2.2.2 方法介绍

1. 基于 Gamma 校正的对比度增强方法

针对增强图像中的暗区域，再次利用Gamma校正对其部分像素进行增强，首先利用取色器对不同增强图像中的暗区域随机选取 4～5 像素的坐标，通过在 HSV 颜色空间中输出这些像素的 V 分量，找到这些像素的平均值，并以此作为条件，当 V 分量中的像素小于此平均值时，利用 Gamma 校正对其进行增强。其数学表达式如下：

$$V_{\mathrm{PM}} < \bar{V}_x, \quad V_{\mathrm{out}} = \left(V_{\mathrm{PM}}\right)^{\gamma} \tag{2.20}$$

式中，$\bar{V}_x$ 为随机取值点的平均值。γ 参数根据图像增强效果自行选取。本节选取 $\bar{V}_x = \{0.25, 0.3, 0.35, 0.4, 0.45\}$、$\gamma = \{0.6, 0.65, 0.7, 0.75, 0.8, 0.85\}$ 完成了实验，这里只介绍部分实验结果，该方法增强效果如图 2.7 所示。

(a) $\bar{V}_x = 0.3$　　　　　　　(b) $\bar{V}_x = 0.25\gamma = 0.6$

(c) $\bar{V}_x = 0.3\gamma = 0.85$　　　　　　(d) $\bar{V}_x = 0.25\gamma = 0.85$

图 2.7　输入图像的不同参数 $\bar{V}_x$、γ 的增强图像（见彩图）

2. 基于 Retinex 的对比度增强方法

考虑多尺度 Retinex 方法能较好地增强图像的色彩和细节信息。所以，针对已增强图像遗留的细节问题，本节改进方法将图像转换到 HSV 颜色空间后，首先利用多尺度 Retinex 方法对 V 通道进行增强，其次将增强后的 V 分量代入 AGCWD 方法，最后利用权重参数结合直方图均衡化方法对输入图像增强的 V 分量形成新的增强 V 分量。在 HSV 颜色模型中，通过保留色调 H、饱和度 S 和增强的亮度 V，将图像转换回 RGB 颜色空间，形成新的增强图像。该方法在 HSV 颜色空间中的具体步骤如下。

步骤 1：在 HSV 颜色空间中对 V 分量进行 MSR 增强，公式为

$$r(x,y) = \sum_{i=1}^{n} W_i \left\{ \log_2 \left[V(x,y) \right] - \log_2 \left[G_i(x,y) * V(x,y) \right] \right\} \quad (2.21)$$

$$G_i(x,y) = K_i \exp\left(-\frac{x^2 + y^2}{2\sigma_i^2} \right) \quad (2.22)$$

式中，$*$ 为高斯函数与原始图像 V 分量的卷积操作；W_i 为不同尺度的权重，且满足 $\sum_{i=1}^{n} W_i = 1$，三个尺度的权重满足 $W_1 + W_2 + W_3 = 1$；$G_i(x,y)$ 为高斯函数；σ_i 为不同的高斯标准差；K_i 为归一化常数。

步骤 2：将 MSR 方法处理的 V 分量代入 AGCWD 方法的 Gamma 参数作为新的补偿累积分布函数，数学表达式为

$$V'_{\mathrm{MSR}}(x,y) = \frac{r(x,y) - r_{\min}(x,y)}{r_{\max}(x,y) - r_{\min}(x,y)} \quad (2.23)$$

$$V''_{\mathrm{MSR}}(x,y) = 255 * V'_{\mathrm{MSR}}(x,y) \quad (2.24)$$

$$\hat{V}_{\mathrm{AGCWD}} = V_{\max} \left[\frac{V''_{\mathrm{MSR}}(x,y)}{V_{\max}} \right]^{1 - \mathrm{CDF}_m \left[V''_{\mathrm{MSR}}(x,y) \right]} \quad (2.25)$$

式中，$r_{\max}$，$r_{\min}$ 为 MSR 方法处理后输出像素的最大值和最小值，$V_{\max}(x,y)$ 为 V 通道中输入像素的最大值。

步骤 3：利用权重参数 w 结合直方图均衡化方法完成最后 V 分量的增强，公式为

$$V_{\mathrm{out}}(x,y) = (1-w) V_{\mathrm{HE}} \left[V(x,y) \right] + w \hat{V}_{\mathrm{AGCWD}} \left[V''_{\mathrm{MSR}}(x,y) \right] \quad (2.26)$$

$$w = \tanh\left[\frac{V''_{\mathrm{MSR}}(x, y)}{\alpha_2}\right] \tag{2.27}$$

式中，α_2 为调节参数，由于权重参数 w 中的输入像素变为经过 MSR 方法处理后 V 通道像素，所以增强过后的图像整体亮度较高，细节处理较好。综合上述步骤，基于 Retinex 的对比度增强方法整体流程如图 2.8 所示。

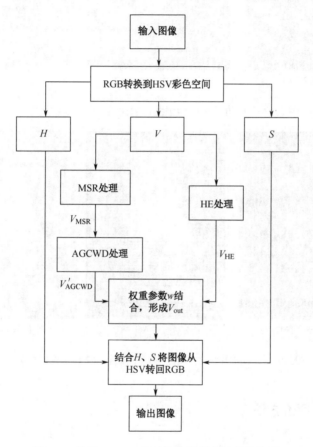

图 2.8 基于 Retinex 的对比度增强方法整体流程

在该方法中，调节参数 α_2 的取值与 MSR 处理过后 V 通道的值有关，因此本节将调节参数 α_2 同样设置为 0.8，结果如图 2.9 和图 2.10 所示。

（a）输入图像　　　　　（b）改进的 AGCWD　　　（c）基于 Retinex 的改进方法

图 2.9　不同方法之间增强图像的比较（1）（见彩图）

（a）输入图像　　　　　（b）改进的 AGCWD　　　（c）基于 Retinex 的改进方法

图 2.10　不同方法之间增强图像的比较（2）（见彩图）

2.2.3　评价方法

图像对比度增强的方法多种多样，经过处理的图像是否符合要求，还需要通过图像质量评价方法对其进行判断。

客观评价是指根据图像反映出的信息建立数学模型，利用数学模型对图像的质量进行计算，从而得到图像质量的评价结果。客观评价一般可以分为两类：①无参考图评价，对待评价的图像利用评价函数计算出其相关的评价数据；②有参考图评价，用其他高质量图像作为参考图，利用评价函数计算出评价数据之后进行对比。由于本节是对低照度图像的对比度进行增强处理的，增强方法中存在参数，所以在评价本节增强图像时，先对不同参数生成的图像利用无参考图评价，再利用有参考图评价对已选定参数的增强图像与其他方法的增强图像进行对比评价。本节选取了亮度顺序误差（Lightness Order Error，LOE）[20]、平均色度误差（Mean Chrominance Error，MCE）[21]和离散熵（Discrete Entropy，DE）[22]三个评价函数。

1. 亮度顺序误差[20]

亮度顺序误差（LOE）用来评估输出图像的自然性，适度地拉伸灰度级，图像越平滑，输出图像的自然性越好。由于利用权重参数结合多种不同的方法，因此方法彼此的作用会对图像的自然性有一定的影响。图像自然性的损失越小，LOE 评价函数的值越低。LOE 定义如下：

$$\text{LOE} = \frac{1}{W*H}\sum_{x=1}^{W}\sum_{y=1}^{H} D(x,y) \tag{2.28}$$

式中，W、H 为图像的宽和高。$D(x,y)$ 的定义为

$$D(x,y) = \frac{1}{W*H}\sum_{x^*=1}^{W}\sum_{y^*=1}^{H} U\left[V(x,y),V(x^*,y^*)\right] \oplus U\left[\tilde{V}(x,y),\tilde{V}(x^*,y^*)\right] \tag{2.29}$$

式中，$V(x,y)$ 为原始输入图像，$V(x^*,y^*)$ 为输入原始图像的不同坐标表示，$\tilde{V}(x,y)$ 为输出的增强图像。$\tilde{V}(x^*,y^*)$ 为增强图像的不同坐标表示。$\oplus$ 为异或运算符。函数 $U(i,j)$ 的定义如下：

$$U(i,j) = \begin{cases} 1, & i \geqslant j \\ 0, & i < j \end{cases} \tag{2.30}$$

对一幅图像来说，该评价函数需要四次遍历图像且异或操作出现冗余，为减少该评价函数的计算量，将图像进行等比例压缩，使图像变小且保留原图像特征。图像的压缩率 d 为

$$d = \frac{50}{\min(W,H)} \tag{2.31}$$

2. 平均色度误差[21]

由于 MSR 增强方法对图像处理后，图像具有一定的色彩失真，因此为了证明在利用 MSR 方法增强图像的对比度后，增强图像是否在较大程度上保留了原始图像的色度，利用 MCE 来验证图像质量。该评价函数在 CIE XYZ 颜色

空间中进行，其原理为利用增强图像与原始图像在光谱色调中的差异大小来表示这两幅图像的色度误差。MCE 评价函数的值越小，图像的色度误差也越小。MCE 的定义如下：

$$X = \frac{x}{x+y+z} \tag{2.32}$$

$$Y = \frac{y}{x+y+z} \tag{2.33}$$

$$\text{MCE} = \frac{1}{W*H}\sum_{x=1}^{W}\sum_{y=1}^{H}\sqrt{\left[\tilde{X}(x,y)-X(x,y)\right]^2 + \left[\tilde{Y}(x,y)-Y(x,y)\right]^2} \tag{2.34}$$

式中，$\left[X(x,y), Y(x,y)\right]$ 为输入原始图像的色度，$\left[\tilde{X}(x,y), \tilde{Y}(x,y)\right]$ 为输出增强图像的色度，x、y、z 代表在 CIE XYZ 颜色空间的各个通道分量。

3. 离散熵[22]

离散熵（DE）表示图像每个灰度级直方图的均匀性。通常来说，当输出图像的像素值以等概率分布时，说明增强图像的照度分布是均匀的，图像的直方图分布较为均匀且对比度较高，DE 评价函数的值也较大，增强图像的质量就越好。图像的熵定义为

$$H(s) = -\sum_{i=1}^{n} p(s_i)\log_2 p(s_i) \tag{2.35}$$

式中，s_i 代表图像的各个像素值，$p(s_i)$ 为该像素值的概率密度函数。可以知道，对于输入图像 X 和输出的增强图像 Y，分别有不同的计算熵的输入像素 $x\{x_1, x_2, \cdots, x_n\}$ 和 $y\{y_1, y_2, \cdots, y_n\}$，从而计算得出相应的熵 $H(x)$、$H(y)$。DE 的定义如下：

$$\text{DE} = H(x) - H_y(x) = H(y) - H_x(y) = H(x) + H(y) - H(x,y) \tag{2.36}$$

式中，$H(x,y)$ 为原图像和增强图像的组合熵，$H_y(x)$，$H_x(y)$ 为原图像和增强图像的条件熵。在原图像的熵中假设有 $x_1, x_2, \cdots, x_i$ 种像素的输入，在增强图像的熵中假设有 $y_1, y_2, \cdots, y_i$ 种像素的输入。统计可得，两种输入像素的次数分别为 n_i, n_j。假设增强图像的输入次数 n_j 相对于原图像的输入次数 n_i 的频率为 n_{ij}，如果用 n 表示所有输入次数，则输入像素的概率为 $p_i = n_i/n$，$p_j = n_j/n$，$p_{ij} = n_{ij}/n$。所以 $H(x)$、$H(y)$、$H(x,y)$ 的数学表达式如下：

$$H(x) = \sum_i p_i \log_2 \frac{1}{p_i} = \log_2 n - \frac{1}{n} \sum_i n_i \log_2 n_i \tag{2.37}$$

$$H(y) = \sum_j p_j \log_2 \frac{1}{p_j} = \log_2 n - \frac{1}{n} \sum_j n_j \log_2 n_j \tag{2.38}$$

$$H(x, y) = \sum_{ij} p_{ij} \log_2 \frac{1}{p_{ij}} = \log_2 n - \frac{1}{n} \sum_{ij} n_{ij} \log_2 n_{ij} \tag{2.39}$$

2.2.4　实验与讨论

由于经过增强处理的 V 通道的像素值整体较高，因此权重参数 w 值普遍较高，当随着调节参数 α_2 增大时，直方图均衡化处理图像的占比较大，因而图像会越亮，可实际效果并不是如此。通过对 30 幅图像利用不同调节参数 α_2 进行增强处理后可知，随着调节参数 α_2 的增大，图像亮度有变暗的趋势。

为验证基于 Retinex 改进方法的可行性，选择部分低照度图像进行实验，并与 MSR 方法进行比较。其中，高斯参数设置如下：$\sigma_1 = 5$、$\sigma_2 = 10$、$\sigma_3 = 50$，在实验过程中 α_2 仍然选取 10 种不同参数进行实验，这里取调节参数 α_2 为 0.3 和 0.8 的增强图像进行说明，实验结果如图 2.11 所示。

（a）输入图像　　　　　　　　　　　　　（b）MSR

（c）$\alpha_2 = 0.3$　　　　　　　　　　　　（d）$\alpha_2 = 0.8$

图 2.11　MSR 方法与不同参数 α_2 的改进方法的增强图像对比（见彩图）

（e）输入图像

（f）MSR

（g）$\alpha_2 = 0.3$

（h）$\alpha_2 = 0.8$

图 2.11　MSR 方法与不同参数 α_2 的改进方法的增强图像对比（见彩图）（续）

1. 实验结果主观分析

从实验结果可以直观地看出：MSR 方法处理后的图像明显过度增强，颜色失真并且带有严重的"泛灰"现象。基于 Retinex 的改进方法的处理结果会有一定的过增强现象，并且该改进方法对图像细节处理欠缺，使图像看起来有些模糊。由于该改进方法先用 MSR 处理过 V 通道，使得 V 分量的像素值普遍较高，此时利用 AGCWD 方法增强后的像素值高于直方图均衡化方法对原 V 通道像素值的增强。因此，当调节参数 α_2 越大时，图像亮度反而出现暗化趋势。

2. 实验结果客观分析

通过主观分析后，基于 Gamma 校正的改进方法没有产生明显的改进效果，当调整 γ 参数时，图像增强过度，会造成阴影部分亮度失真，无法产生增强效果较好的图像。因此，只对基于 Retinex 改进的方法做出客观评价。在实验过程中，对部分输入图像利用不同的调节参数 α_2 生成新的增强图像，并利用亮度顺序误差（LOE）、离散熵（DE）及平均色度误差（MCE）对其进行数值说明，如表 2.1 所示。选出合适的调节参数 α_2 的增强图像作为结果图像，之后将结果图像与其他方法进行比较。结合比较结果和图像的视觉效果来说明该方法的有效性。

表 2.1　部分输入图像不同参数的客观评价指标

参数 α_2	亮度顺序误差（LOE）	离散熵（DE）	平均色度误差（MCE）
0.1	0.14365	6.453	0.01371
0.2	0.14312	6.461	0.01368
0.3	0.13851	6.765	0.01363
0.4	0.12803	6.946	0.01347
0.5	0.11403	7.072	0.01327
0.6	0.10000	7.192	0.01303
0.7	0.08749	7.296	0.01278
0.8	0.07694	7.385	0.01252
0.9	0.06829	7.458	0.01227
1	0.06109	7.518	0.01203

　　对表 2.1 中的数据进行观察，可以得出以下结论：①就 DE 值而言，当参数 α_2 设置为 1 时，所获得的增强后的图像具有良好的表现。②当参数 α_2 的值设为 1 时，增强后的图像的 LOE 值及其对应的 MCE 值也相对较理想。综上所述，参数 α_2 的值设为 1 比较合理。

　　基于 Retinex 改进的方法处理的图像与 Fu 等人的方法[23]及 Ru 等人的方法[20]相比，其结果如表 2.2 所示。

表 2.2　部分输入图像客观评价指标的对比结果

所用方法	亮度顺序误差（LOE）	离散熵（DE）	平均色度误差（MCE）
HE 方法[1]	0.00031	7.311	0.00274
AGCWD 方法[14]	0.00107	7.140	0.00292
Fu 等人的方法[23]	0.05803	7.463	0.00272
Ru 等人的方法[20]	0.05214	7.307	0.00319
改进的 AGCWD 方法	0.00058	7.211	0.00263
基于 Retinex 的改进方法	0.06109	7.518	0.01203

　　对比表 2.2 中的数据可知，本节改进方法在 DE 函数上的表现高于以往的方法，同时高于其他研究者的方法。而对 LOE 函数和 MCE 函数来说，本节

算法没有表现出任何优势。因此，本节改进方法虽然在图像对比度的提升上有一定的优势，但该改进方法在提升对比度的同时没有周全地考虑其他因素的影响。

2.3　基于亮度权重调整的彩色图像对比度增强方法

通过对基于 Gamma 校正及 Retinex 的彩色图像对比度增强方法中的两个子方法所获得的增强图像的主观视觉感受和客观评价指标的结果进行分析，发现经过 MSR 方法增强的图像，其视觉效果过亮。这是由于该图像的亮度分量拉伸过度，从而破坏了像素的均衡分布。Gamma 校正方法可增强或抑制图像亮度，这为如何利用 MSR 方法对图像进行增强打开一个新的思路，针对增强方法出现的暗区域有待进一步增强的问题，本节采用受 Gamma 校正抑制的 MSR 方法来增强亮度分量，之后利用新的权重参数再次结合基于 Gamma 校正的混合直方图修正方法的亮度分量，以达到最终的增强目标。基于亮度权重调整的彩色图像对比度增强方法流程如图 2.12 所示。

2.3.1　方法介绍

本节改进方法将图像转换到 HSV 颜色空间后，首先利用 Gamma 校正来抑制 MSR 方法处理图像后出现的过度增强现象，形成增强的 V 分量，其次实现基于 Gamma 校正的混合直方图修正方法增强后的 V 分量，最后利用新的权重参数将上述两个增强后的 V 分量进行融合形成最终转换回 RGB 颜色空间的 V 分量。该方法在 HSV 颜色空间中的具体步骤如下。

步骤 1：利用 MSR 增强方法对亮度分量进行处理，公式为

$$r(x,y) = \sum_{i=1}^{n} W_i \left\{ \log_2 \left[V(x,y) \right] - \log_2 \left[G_i(x,y) * V(x,y) \right] \right\} \tag{2.40}$$

$$G_i(x,y) = K_i \exp\left(-\frac{x^2 + y^2}{2\sigma_i^2} \right) \tag{2.41}$$

式中，*是高斯函数与原图像 V 分量的卷积操作；W_i 是不同尺度的权重，且满

足 $\sum\limits_{i=1}^{n} W_i = 1$，三个尺度的权重满足 $W_1 + W_2 + W_3 = 1$；$G_i(x, y)$ 为高斯函数；σ_i 为不同的高斯标准差，K_i 为归一化常数。

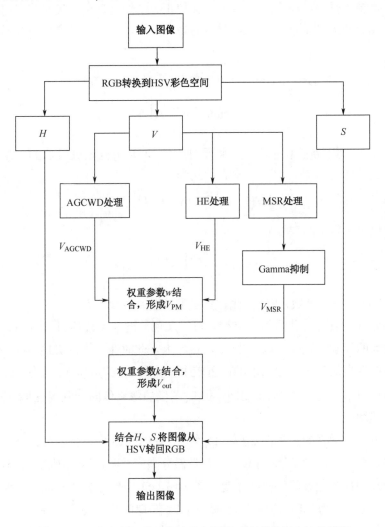

图 2.12 基于亮度权重调整的彩色图像对比度增强方法的流程

步骤 2：利用 Gamma 校正方法将已增强的 V_{MSR} 分量进行抑制处理。其数学表达式为

$$V_{\mathrm{MSR}}^{\gamma} = \left[\frac{r(x,y) - r_{\min}(x,y)}{r_{\max}(x,y) - r_{\min}(x,y)} \right]^{\gamma} \tag{2.42}$$

步骤 3：将加权分布自适应 Gamma 校正方法增强后的亮度分量，利用权重参数 w 结合直方图均衡化方法增强后的亮度分量，形成新的亮度分量 V_{PM}。公式为

$$V_{\mathrm{PM}}(x,y) = (1-w)V_{\mathrm{HE}}(x,y) + wV_{\mathrm{AGCWD}}(x,y) \tag{2.43}$$

$$w = \tanh\left[\frac{V(x,y)}{\alpha_1} \right] \tag{2.44}$$

步骤 4：利用新的权重参数 k 将受抑制的 MSR 方法增强过后的亮度分量与增强分量 V_{PM} 再次融合，其数学表达式为

$$V_{\mathrm{out}}(x,y) = (1-k)V_{\mathrm{MSR}}^{\gamma}(x,y) + kV_{\mathrm{PM}}(x,y) \tag{2.45}$$

式中，权重参数 k 的取值为

$$k = \tanh\left[\frac{V_{\mathrm{PM}}(x,y)}{\beta} \right] \tag{2.46}$$

式中，tanh 为三角函数，取值范围为[-1, 1]，当调节参数 β 一定时，直接将增强的亮度分量 $V_{\mathrm{PM}}(x,y)$ 作为输入参数，可以发现，输入参数 $V_{\mathrm{PM}}(x,y)$ 越大，说明此时图像的像素点较亮，权重参数 k 也越大，此时在输出的亮度分量 V_{out} 中，已增强图像中的亮区域像素占的比重较大；输入参数 $V_{\mathrm{PM}}(x,y)$ 越小，此时图像的像素点较暗，权重参数 k 也越小，这时图像的像素偏向于利用受抑制的 MSR 方法对其增强。

该方法的增强效果如图 2.13（d）所示。在图 2.13 中，通过对比可以看出，图 2.13（b）中左上角区域的木头和鞋带部分亮度较暗，这是因为 2.2 节的增强方法处理图像暗区域仍然有些不足；图 2.13（c）中整体亮度较高，图像有些颜色失真，这是因为 MSR 方法先处理过图片，图像的整体亮度已经提升，再次通过改进的 AGCWD 方法处理后，图像亮度过高；图 2.13（d）表现出的增强效果就很理想，图像上方的暗区域部分很明显得到了合理的增强，整体图像自然度高。

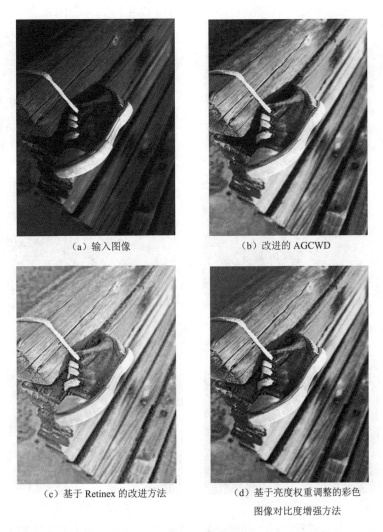

（a）输入图像　　　　　　　　　　　（b）改进的 AGCWD

（c）基于 Retinex 的改进方法　　　（d）基于亮度权重调整的彩色

图像对比度增强方法

图 2.13　不同方法之间的增强图像的比较（见彩图）

2.3.2　参数设置

本节方法中存在两个调节参数 β、γ，为验证本节方法的有效性，选取了两幅低照度图像进行仿真实验。为了与之前的改进方法形成对比，将高斯参数设置为 $\sigma_1 = 5$、$\sigma_2 = 10$、$\sigma_3 = 50$，调节参数 β 设置为 0.3 和 0.35，γ 参数设置为 2 和 3，实验结果如图 2.14 和图 2.15 所示。

（a）输入图像

（b）$\beta = 0.3, \gamma = 2$

（c）$\beta = 0.3, \gamma = 3$

（d）$\beta = 0.35, \gamma = 3$

图 2.14　不同参数 β、γ 的增强图像（1）（见彩图）

（a）输入图像

（b）$\beta = 0.3, \gamma = 2$

（c）$\beta = 0.3, \gamma = 3$

（d）$\beta = 0.35, \gamma = 3$

图 2.15　不同参数 β、γ 的增强图像（2）（见彩图）

1. 实验结果主观分析

从上述实验结果可以直观看出：对比图 2.14（b）和图 2.14（c）两幅图像，可以看出当 γ 参数越大时，图像的亮度变暗。这是由于 Gamma 校正对 MSR 方法抑制的效果，对图 2.14（c）和图 2.14（d）两幅图像来说当调节参数 β 越大时，k 值越小，受 Gamma 抑制的 MSR 方法权重较大，因此图像在暗区域部分较亮。从图 2.15（b）中可以看出，在小男孩头发部分由于亮度过高出现细节丢失的情况，图 2.15（c）与图 2.15（d）相差不大，但图 2.15（d）较亮一些。通过对其他低照度图像增强后发现，当 β 为 0.35，γ 为 3 时，增强后的图像主观视觉效果普遍较好。

上述两幅图像的增强图像与 Fu 等人[23]的方法和 Ru 等人[20]的方法的增强图像进行对比，如图 2.16 和图 2.17 所示。

（a）输入图像

（b）基于亮度权重调整的彩色
图像对比度增强方法

（c）Fu 等人的方法

（d）Ru 等人的方法

图 2.16 不同方法之间的增强图像比较（1）（见彩图）

（a）输入图像

（b）基于亮度权重调整的彩色
图像对比度增强方法

（c）Fu 等人的方法

（d）Ru 等人的方法

图 2.17　不同方法之间的增强图像比较（2）（见彩图）

2. 实验结果客观分析

为了更加直观地说明上述两幅图像中调节参数 β、γ 对图像的影响，分别设置不同的参数增强处理图像，并且利用 LOE、DE 及 MCE 函数对其做出客观分析与判断，从而选出合适的调节参数 β、γ 作为增强图像并与其他方法进行比较。表 2.3 为部分图像的各个参数的对比情况。

表 2.3　部分输入图像不同参数的客观评价指标对比

参数 β	参数 γ	亮度顺序误差（LOE）	离散熵（DE）	平均色度误差（MCE）
0.25	2	0.01935	7.442	0.01842
0.25	3	0.01084	7.670	0.01593
0.3	2	0.02190	7.474	0.01876
0.3	3	0.01353	7.632	0.01599
0.35	2	0.02511	7.466	0.01900
0.35	3	0.01627	7.727	0.01603
0.4	2	0.02844	7.460	0.01917

对这两幅图像来说，当 β=0.35、γ=3 时，DE 评价函数的值为最高，LOE 和 MCE 的评价函数值都相对较低。所以选择利用此调节参数增强出来的图像作为本节改进方法的最佳图像。利用本节基于亮度权重调整的彩色图像对比度增强方法与基于 Gamma 校正及 Retinex 的彩色图像对比度增强方法及 Fu 等人的方法和 Ru 等人的方法相比较，结果如表 2.4 所示。

表 2.4　部分输入图像的各方法结果图像客观评价指标对比

所用方法	亮度顺序误差（LOE）	离散熵（DE）	平均色度误差（MCE）
HE 方法	0.00041	7.070	0.01451
AGCWD 方法	0.00183	6.953	0.01180
Fu 等人的方法	0.05602	7.519	0.01257
Ru 等人的方法	0.09122	6.942	0.01906
改进的 AGCWD 方法	0.00058	7.061	0.00336
基于 Retinex 的改进方法	0.11497	7.549	0.02302
基于亮度权重调整的彩色图像对比度增强方法	0.01627	7.727	0.01603

通过表 2.4 中的数据可知，本节改进方法在离散熵（DE）函数上的表现均高于其他方法。本节方法在上节方法的基础上融入受抑制的 MSR 方法来改善图像细节，使得增强图像既保持了较高的自然性，又对图像色度的改变较小。所以本节改进方法在亮度顺序误差（LOE）和平均色度误差（MCE）评价函数的表现也较为良好。

2.3.3　实验与讨论

本节利用 30 幅图像完成了实验部分，多次利用批处理程序设置调节参数，从不同角度验证了本方法的有效性。根据上节的方法分析，基于亮度权重调整的彩色图像对比度增强方法的结果更具有说服力，得出的结果优于其他方法，图像的自然度也较高。表 2.5 展示了基于亮度权重调整的彩色图像对比度增强方法与其他的增强方法在 DE 评价函数上的数值对比。

表 2.5 各方法的 DE 评价指标

图像序号	方 法						
	HE 方法	Jobson 等人的方法[17]	Huang 等人的方法[14]	Ru 等人的方法[20]	Fu 等人的方法[23]	Bao 等人的方法[21]	本节的方法
1	5.820	7.380	5.949	5.945	6.944	6.517	7.024
2	7.153	6.920	7.127	7.447	7.414	7.553	7.782
3	7.268	7.223	7.128	7.327	7.495	7.717	7.753
4	7.209	7.503	7.068	7.373	7.388	7.641	7.413
5	7.131	7.451	7.051	7.290	7.416	7.515	7.702
6	7.321	7.618	7.081	7.174	7.383	7.685	7.860
7	6.979	7.475	6.936	7.342	7.380	7.368	7.702
8	7.021	7.592	6.949	7.231	7.270	7.369	7.516
9	6.066	7.477	5.982	6.853	6.938	7.095	7.489
10	7.003	7.614	6.837	6.778	7.425	7.408	7.332
11	7.171	7.718	6.989	7.271	7.385	7.513	7.402
12	6.645	7.178	6.567	7.319	7.107	7.304	7.448
13	6.498	7.042	6.450	6.966	7.126	7.450	7.624
14	7.311	7.563	7.140	7.307	7.463	7.626	7.723
15	6.585	7.458	6.563	7.113	7.095	7.248	7.417
16	7.070	7.565	6.953	6.942	7.519	7.564	7.727
17	6.878	7.397	6.715	6.754	7.370	7.523	7.656
18	6.761	7.546	6.741	7.336	7.294	7.027	7.640
19	6.886	7.222	6.679	6.636	6.826	7.224	7.082
20	7.297	7.260	7.207	7.577	7.560	7.655	7.785
21	6.634	7.018	6.580	6.846	7.051	7.019	7.067
22	6.827	6.406	6.871	7.356	7.403	7.517	7.727
23	6.465	7.162	6.485	7.211	7.058	7.240	7.586
24	7.127	6.786	7.042	7.447	7.602	7.413	7.887
25	6.331	5.477	6.409	6.710	6.903	7.600	7.406
26	6.276	6.244	6.410	6.722	7.186	7.186	7.617
27	6.627	7.521	6.703	6.599	7.476	7.186	7.383
28	6.066	7.128	6.156	6.899	6.898	6.985	7.721
29	7.373	7.097	7.072	7.461	7.255	7.775	7.491
30	7.213	7.377	7.097	7.479	7.237	7.484	7.565
平均值	6.834	7.214	6.765	7.090	7.262	7.380	7.551

从平均值可以看出，基于亮度权重调整的彩色图像对比度增强方法的数值均高于其他方法。像素值等概率分布时，DE 值达到最大。所以当 DE 值高时，对比度增强图像的照度分布均匀。可以说，本节所提出的方法在一定程度上对于增强图像细节是非常有效的。

表 2.6 展示了基于亮度权重调整的彩色图像对比度增强方法与其他增强方法在 LOE 评价函数上的数值对比。

表 2.6　各方法的 LOE 评价指标对比

图像序号	方 法						
	HE 方法	Jobson 等人的方法[17]	Huang 等人的方法[14]	Ru 等人的方法[20]	Fu 等人的方法[23]	Bao 等人的方法[21]	本节的方法
1	0.00028	0.26504	0.00019	0.10363	0.09071	0.07077	0.02262
2	0.00024	0.15198	0.00036	0.05541	0.03350	0.04368	0.01534
3	0.00076	0.00031	0.20662	0.07155	0.02459	0.02609	0.02313
4	0.00032	0.25690	0.00103	0.06899	0.03680	0.02701	0.09771
5	0.00028	0.17875	0.00063	0.05730	0.04596	0.04205	0.02664
6	0.00018	0.22851	0.00128	0.06473	0.05189	0.03391	0.00785
7	0.00029	0.14193	0.00054	0.07694	0.02052	0.05026	0.02138
8	0.00015	0.24713	0.00032	0.07696	0.03407	0.04249	0.02306
9	0.00030	0.30518	0.00201	0.11701	0.01840	0.03945	0.03366
10	0.00034	0.27289	0.00263	0.08235	0.08552	0.05576	0.04574
11	0.00027	0.16075	0.00113	0.06956	0.04615	0.05627	0.05672
12	0.00039	0.26859	0.00089	0.07355	0.02968	0.01714	0.03362
13	0.00024	0.22299	0.00057	0.13436	0.01771	0.04852	0.04250
14	0.00031	0.19064	0.00107	0.05214	0.05803	0.03429	0.03792
15	0.00014	0.17542	0.00035	0.08253	0.01185	0.04961	0.02717
16	0.00041	0.27182	0.00183	0.09122	0.05602	0.03710	0.01627
17	0.00026	0.33958	0.00155	0.10589	0.03419	0.02120	0.02313
18	0.00017	0.16892	0.00028	0.08357	0.01706	0.05003	0.02246
19	0.00028	0.34588	0.00195	0.03141	0.18527	0.02506	0.00969
20	0.00027	0.13280	0.00052	0.04944	0.03546	0.04301	0.00974
21	0.00027	0.23584	0.00085	0.07294	0.03956	0.04353	0.02509
22	0.00045	0.17043	0.00054	0.11022	0.02247	0.05605	0.03733
23	0.00018	0.18749	0.00020	0.08583	0.00856	0.04967	0.03510
24	0.00040	0.21007	0.00101	0.08408	0.03384	0.03447	0.01652

续表

图像序号	方 法						
	HE 方法	Jobson 等人的方法[17]	Huang 等人的方法[14]	Ru 等人的方法[20]	Fu 等人的方法[23]	Bao 等人的方法[21]	本节的方法
25	0.00040	0.21239	0.00035	0.10104	0.03533	0.02585	0.02001
26	0.00038	0.23019	0.00033	0.14517	0.03263	0.04597	0.02226
27	0.00029	0.26212	0.00022	0.09790	0.06305	0.03493	0.01149
28	0.00034	0.29249	0.00032	0.15245	0.01644	0.04094	0.02473
29	0.00033	0.25235	0.00224	0.02609	0.07639	0.01663	0.02184
30	0.00012	0.28024	0.00039	0.06346	0.04824	0.03209	0.03726
平均值	0.00029	0.22886	0.00088	0.08292	0.04366	0.03979	0.02827

LOE 函数来评估每种方法的输出图像的自然度。亮度顺序和色度的变化越小，原始图像的自然度就越好。HE 方法和 Huang 的方法都优于其他方法。原因在于这两种方法对像素的操作简单，且对于高灰度级像素的 Gamma 变化曲线改变较小，使得图像色彩的改变较小。本节基于亮度权重调整的彩色图像对比度增强方法对像素的操作复杂，但在同等操作难度的情况下，仍然能保持一个较低的 LOE，因此本节基于亮度权重调整的彩色图像对比度增强方法在 LOE 评价函数中也占有一定优势。

表 2.7 展示了基于亮度权重调整的彩色图像对比度增强方法与其他增强方法在 MCE 评价函数上的数值对比。

表 2.7　各方法的 MCE 评价指标对比

图像序号	方 法						
	HE 方法	Jobson 等人的方法[17]	Huang 等人的方法[14]	Ru 等人的方法[20]	Fu 等人的方法[23]	Bao 等人的方法[21]	本节的方法
1	0.00279	0.02110	0.00217	0.00268	0.00222	0.00181	0.00236
2	0.00346	0.02324	0.00282	0.00443	0.00298	0.00288	0.00470
3	0.00550	0.06191	0.00478	0.00695	0.00473	0.00314	0.00593
4	0.00950	0.05859	0.00669	0.01388	0.00736	0.00829	0.01615
5	0.00342	0.03741	0.00258	0.00314	0.00265	0.00193	0.00279
6	0.00475	0.04715	0.00404	0.00656	0.00387	0.00235	0.00348
7	0.00599	0.05930	0.00531	0.00776	0.00510	0.00437	0.00765
8	0.00403	0.03503	0.00359	0.00445	0.00352	0.00290	0.00462

续表

图像序号	方 法						
	HE 方法	Jobson 等人的方法[17]	Huang 等人的方法[14]	Ru 等人的方法[20]	Fu 等人的方法[23]	Bao 等人的方法[21]	本节的方法
9	0.01926	0.06351	0.01200	0.01914	0.01200	0.01156	0.02063
10	0.00345	0.04363	0.00270	0.00587	0.00323	0.00260	0.00433
11	0.00308	0.02913	0.00174	0.00254	0.00203	0.00160	0.00230
12	0.00712	0.06811	0.00405	0.00818	0.00406	0.00380	0.00761
13	0.01461	0.07232	0.00937	0.01465	0.00972	0.00898	0.01549
14	0.00274	0.04627	0.00292	0.00319	0.00272	0.00190	0.00291
15	0.01491	0.08390	0.01226	0.01675	0.01239	0.01228	0.01772
16	0.01451	0.08271	0.01180	0.01906	0.01257	0.01158	0.01603
17	0.00808	0.04492	0.00623	0.01000	0.00641	0.00505	0.00797
18	0.00776	0.05017	0.00698	0.00906	0.00712	0.00567	0.00941
19	0.00809	0.10292	0.00199	0.00227	0.00190	0.00077	0.00140
20	0.00564	0.06263	0.00554	0.00779	0.00539	0.00423	0.00799
21	0.00858	0.07148	0.00745	0.01002	0.00842	0.00703	0.01095
22	0.01406	0.05032	0.00902	0.01377	0.00942	0.00956	0.01566
23	0.01483	0.05943	0.01136	0.01529	0.01170	0.01166	0.01707
24	0.01090	0.05213	0.00749	0.01096	0.00846	0.00567	0.01104
25	0.01478	0.05899	0.00940	0.01506	0.00929	0.00827	0.01323
26	0.01167	0.04809	0.00741	0.01144	0.00716	0.00669	0.01177
27	0.00364	0.04008	0.00320	0.00466	0.00318	0.00236	0.00297
28	0.01983	0.08036	0.01453	0.01781	0.01497	0.01281	0.01993
29	0.00660	0.12740	0.00492	0.01190	0.00510	0.00597	0.01311
30	0.00499	0.04546	0.00438	0.00892	0.00443	0.00437	0.00892
平均值	0.00862	0.05759	0.00629	0.00961	0.00647	0.00574	0.00954

MCE 评价函数验证了对比度增强图像是否保留了原始图像的色度。在 CIE XYZ 颜色空间中,本节利用原始图像和增强图像的 X 和 Y 分量的平方差值来表示色度误差,MCE 越小,增强图像的原始色度保持得越好。将本节改进方法对比其他文献分析,基于亮度权重调整的彩色图像对比度增强方法不具有优势,原因在于 MSR 方法对图像色度的影响较大,虽用其他方法对其色度进行回调,使增强图像主观效果较好,但实质已改变原始色度。

2.4 本章小结

本章先介绍了彩色图像对比度增强相关的基本理论知识，重点介绍了 AGCWD 方法的优缺点及其在 HSV 颜色空间中的计算过程，针对已有方法存在的问题，提出了两种彩色图像对比度增强方法。

针对 AGCWD 方法的缺点，利用权重参数结合在 HSV 颜色空间中的 HE 方法对其劣势进行改进，形成基于 Gamma 校正及 Retinex 的彩色图像对比度增强方法。通过客观评价函数对其讨论后发现，该方法仍然有改进的余地。

针对基于 Gamma 校正及 Retinex 的彩色图像对比度增强方法中存在的问题，提出解决方案，在基于 Gamma 校正及 Retinex 的彩色图像对比度增强方法中，首先观察分析了增强图像中的暗区域部分，可以直接利用 Gamma 来再次增强图像，以保持增强图像的自然性。通过实验结果分析后发现，该解决办法太过单一，又存在图像失真的问题。于是又利用 MSR 方法先增强图像的 V 分量，将增强的 V 分量带入 AGCWD 方法中形成新的增强图像。

实验结果表明该方法虽然增强了图像的对比度，但过度提高了图像的亮度，并且对图像细节处理不完善。第一种改进方案的实现对第二种改进方法起到了抛砖引玉的作用。在基于亮度权重调整的彩色图像对比度增强方法中，利用 Gamma 校正抑制 MSR 方法对 V 分量的过度增强现象，结合受抑制的 MSR 方法形成新的对比度增强方法。经该对比度增强方法处理后的图像在 LOE、DE 及 MCE 评价函数中均表现出较好的结果。

本章参考文献

[1] JAIN A K. Fundamentals of digital image processing[M]. Singapore: Prentice-Hall, Inc, 1989.

[2] HUSSAIN K, RAHMAN S, KHALED S M, et al. Dark image enhancement by locally transformed histogram[C]. The 8th International Conference on

Software, Knowledge, Information Management and Applications (SKIMA 2014). IEEE, 2014: 1-7.

[3]　KIM Y T. Contrast enhancement using brightness preserving bi-histogram equalization[J]. IEEE Transactions on Consumer Electronics, 1997, 43(1): 1-8.

[4]　WANG Y, CHEN Q, ZHANG B. Image enhancement based on equal area dualistic sub-image histogram equalization method[J]. IEEE Transactions on Consumer Electronics, 1999, 45(1): 68-75.

[5]　CHEN S D, RAMLI A R. Contrast enhancement using recursive mean-separate histogram equalization for scalable brightness preservation[J]. IEEE Transactions on Consumer Electronics, 2003, 49(4): 1301-1309.

[6]　SIM K S, TSO C P, TAN Y Y. Recursive sub-image histogram equalization applied to gray scale images[J]. Pattern Recognition Letters, 2007, 28(10): 1209-1221.

[7]　IWANAMI T, GOTO T, HIRANO S, et al. An adaptive contrast enhancement using regional dynamic histogram equalization[C]. 2012 IEEE International Conference on Consumer Electronics (ICCE). IEEE, 2012: 719-722.

[8]　BANIK P P, SAHA R, KIM K D. Contrast enhancement of low-light image using histogram equalization and illumination adjustment[C]. 2018 International Conference on Electronics, Information, and Communication (ICEIC). IEEE, 2018: 1-4.

[9]　WIGGIN J F. Gamma correction in live color TV cameras[J]. IEEE Transactions on Broadcasting, 1968 (1): 8-13.

[10]　CELIK T, TJAHJADI T. Contextual and variational contrast enhancement[J]. IEEE Transactions on Image Processing, 2011, 20(12): 3431-3441.

[11]　LEE C, KIM C S. Contrast enhancement based on layered difference representation[C]. 2012 19th IEEE International Conference on Image Processing. IEEE, 2012: 965-968.

[12]　ARICI T, DIKBAS S, ALTUNBASAK Y. A histogram modification framework and its application for image contrast enhancement[J]. IEEE Transactions on Image Processing, 2009, 18(9): 1921-1935.

[13]　MORONEY N. Local color correction using non-linear masking[C]. Color and

Imaging Conference. Society of Imaging Science and Technology, 2000, 8: 108-111.

[14] HUANG S C, CHENG F C, CHIU Y S. Efficient contrast enhancement using adaptive gamma correction with weighting distribution[J]. IEEE Transactions on Image Processing, 2012, 22(3): 1032-1041.

[15] LAND E H, MCCANN J J. Lightness and retinex theory[J]. Josa, 1971, 61(1): 1-11.

[16] JOBSON D J, RAHMAN Z, WOODELL G A. Properties and performance of a center/surround retinex[J]. IEEE Transactions on Image Processing, 1997, 6(3): 451-462.

[17] JOBSON D J, RAHMAN Z, WOODELL G A. A multiscale retinex for bridging the gap between color images and the human observation of scenes[J]. IEEE Transactions on Image Processing, 1997, 6(7): 965-976.

[18] MASCHAL R, YOUNG S S. Locally adaptive contrast enhancement and dynamic range compression[C]. Infrared Imaging Systems: Design, Analysis, Modeling, and Testing X XIII. SPIE, 2012, 8355: 423-432.

[19] LOZA A, BULL D R, HILL P R, et al. Automatic contrast enhancement of low-light images based on local statistics of wavelet coefficients[J]. Digital Signal Processing, 2013, 23(6): 1856-1866.

[20] RU Y, TANAKA G. Proposal of multiscale retinex using illumination adjustment for digital images[J]. IEICE Transactions on Fundamentals of Electronics, Communications and Computer Sciences, 2016, 99(11): 2003-2007.

[21] BAO S, MA S, YANG C. Multi-scale retinex-based contrast enhancement method for preserving the naturalness of color image[J]. Optical Review, 2020, 27: 475-485.

[22] SHANNON C E. A mathematical theory of communication[J]. ACM Sigmobile Mobile Computing and Communications Review, 2001, 5(1): 3-55.

[23] FU Q, JUNG C, XU K. Retinex-based perceptual contrast enhancement in images using luminance adaptation[J]. IEEE Access, 2018, 6: 61277-61286.

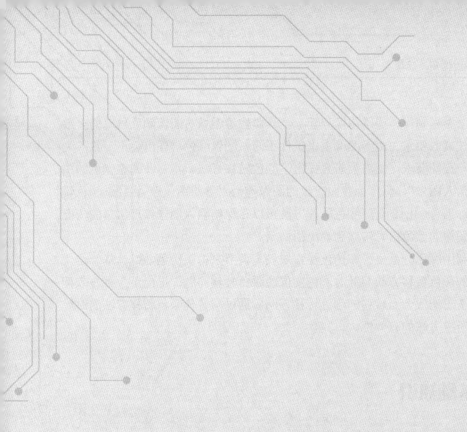

第 3 章

基于伪彩色抑制的彩色图像颜色转移方法

近年来影视制作、遥感图像处理、全景监控等领域对图像颜色再现的一致性提出了较高的要求。由于图像采集条件不同，图像颜色再现也会不一致，为满足这种一致性要求，之前的研究提出了颜色转移方法。将需要调整颜色的图像称为"输入图像"，将作为参照对象的图像称为"参照图像"，将经过颜色调整的图像称为"输出图像"。颜色转移方法可以在保持输入图像纹理信息的情况下将参照图像的颜色信息转移到输出图像上。

本章利用颜色分量投影和伪色像素块权重调节来抑制伪色，讨论基于迭代分布转移的颜色转移方法。针对彩色图像的颜色转移问题，提出了 3 种有效抑制伪色的基于迭代分布转移的颜色转移方法。通过与其他颜色转移方法的对比实验验证所提方法的有效性。

3.1 基础知识

3.1.1 研究现状

Reinhard 等人提出了颜色转移方法，该方法根据参照图像中像素的方差和均值对输入图像的像素进行平移和缩放，使输出图像具有与参照图像相似的颜色分布[1]。Welsh 等人提出了一种利用亮度信息为灰度图像着色的方法，该方法考虑亮度相同的像素其颜色也应相同，将与灰度图像具有相同灰度级的彩色图像中的像素的颜色转移到灰度图像上，达到给灰度图像着色的目的[2]。

Zhang 等人提出了一种基于主区域选择的颜色转移方法，通过主区域的平均值建立输入图像和参照图像之间的映射函数[3]。Tai 等人提出了一种基于颜色软分割的颜色转移方法。此方法通过概率分割对图像进行分割，然后对分割区域建立高斯模型，并建立输入图像与参照图像的对应关系，最后在相应的高斯分量之间进行颜色转移[4]。Luan 等人提出的颜色转移刷使人工交互变得简单可行。在颜色转移刷划定的区域利用 Reinhard 等人的方法进行颜色转移，还可以指定颜色保持的区域，使该区域颜色保持不变[5]。Pitie 等人提出了基于一维概率密度函数匹配的迭代分布转移方法，实现了将参照图像的颜色分布转移到输入图像上[6]。

Wen 等人提出的交互式颜色转移方法，通过用户界面在图像上绘制一些笔画，然后使用图像分割方法将带有笔画的区域与背景分离[7]。Xiao 等人提出了一种保持梯度的颜色转移方法[8]，该方法考虑图像在颜色转移过程中保持梯度不变，通过调节颜色转移和梯度保持之间的平衡，实现了较好的颜色转移。Rabin 等人使用空间滤波器来保持输入图像中的细节[9]，这种方法可以抑制一些伪色，具有较好的颜色转移效果。Yoo 等人提出了一种软分割颜色转移方法[10]，该方法利用一种模式检测方法获得图像的主色，通过 Cost-Volume 滤波器执行输入和参照图像的分割，再采用视觉显著性因子对分割区域进行匹配，最后利用改进的 Reinhard 方法在区域之间转移颜色，颜色转移效果较为理想。

Su 等人提出了一种基于实例的可以抑制伪色的颜色转移方法[11]，他们将输入图像的概率分布转换为参照图像的颜色概率分布，得到中间结果，之后通过自学习滤波获得输入图像的细节信息，在颜色转移中间结果上添加细节，得到最终的颜色转移结果。Chen 等人提出一种改进 Reinhard 方法，先计算中间图像与参照图像之间的相似度，再计算中间图像与输入图像之间的相似度，通过最小化相似点之间的差异获得输出图像，从而兼顾了输入图像和参照图像[12]。Arbelot 等人提出一种基于区域协方差的边缘感知描述算子，用于匹配输入图像与参照图像之间的相似区域，最终实现在相似区域之间进行颜色转移[13]。

Wang 等人提出使用 L0 梯度保持模型来保持细节的颜色转移方法[14]。这种梯度保持方法可以在保持梯度的同时完成颜色转移，并且在颜色区域的边界不产生伪色。Fu 等人利用输入图像的颜色信息来表示参照图像，最终得到与参照图像颜色相似的输出图像[15]。

Li 等人在 2019 年提出了一种局部颜色转移方法，该方法采用动态查表的方法，保持了输入图像的细节信息，抑制了输出图像产生的伪色[16]。为解决输入图像与参照图像之间的颜色分布匹配问题和纹理特征对输出图像的影响，Fan 等人在 2019 年提出了一种基于视觉显著性的颜色转移方法[17]，该方法将输入图像和参照图像划分为显著区和背景区，进而分别在显著区域和背景区域进行颜色转移。2020 年 Wu 等人提出了一种基于显著特征映射的颜色转移自动感知方法[18]，该方法首先利用显著特征图表示视觉感知区域，然后利用 Sobel 滤波器对图像进行卷积，得到梯度图，最后利用显著图和梯度图得到加权注意图，利用注意图将参照图像和输入图像划分为显著区域和背景区域。最后通过 Reinhard 的改进方法在对应的区域内进行颜色转移。

Xie 等人提出了一种基于颜色分类的颜色转移方法[19]，该方法使用 K-means 方法对图像的颜色进行分类，在输入图像中和参照图像的每种类别之间进行 Reinhard 的颜色转移。Ueda 等人提出了一种新的颜色转移方法，该方法结合了 Reinhard 等人[1]和 Pitie 等人[6]的方法，将两种方法的结果按照一定的权重进行混合，与 Reinhard 等人[1]的结果相比，其颜色分布更接近参照图像的颜色分布，与 IDT 方法的结果相比，产生的伪色量相对较少[20]。

3.1.2　Reinhard 颜色转移方法

2001 年，颜色转移方法首次被 Reinhard 等人提出，该方法开启了研究者在颜色转移领域的后续研究[1]。Reinhard 等人的方法在输入图像和参照图像的色调比较相似时，根据参照图像颜色的均值和标准差调整输入图像颜色的均值和标准差，该方法大部分时候都能得到较好的结果，但对于复杂的图像有时效果不是很理想。如图 3.1 所示，由风景图 D 到风景图 B 的 Reinhard 颜色转移结果表示为 D→B。如图 3.1（c2）所示，输出图像中树木的颜色比参照图像图 3.1（b2）中的更白；如图 3.1（c1）所示，输出图像中天空部分的颜色相比参照图像图 3.1（b1）中的偏红。可见该方法对于该风景图的颜色转移效果有时不太理想。

下面详细介绍 Reinhard 等人的方法。

（1）将输入图像和参照图像统一转换到 CIE $L^*a^*b^*$ 颜色空间，并对每个通道计算均值和标准差。输入图像 S 各个通道的均值为 μ_L^s、μ_a^s、μ_b^s，标准差为 σ_L^s、σ_a^s、σ_b^s；参照图像 T 各个通道的均值为 μ_L^t、μ_a^t、μ_b^t，标准差为 σ_L^t、σ_a^t、σ_b^t。用 C 表示 CIE $L^*a^*b^*$ 颜色空间中的某个通道数据，C_i^s 表示输入图像中的像素值，C_i^t 表示参照图像的像素值。

（2）将输入图像减去输入图像的均值，平移到均值为零的位置，过程如下：

$$C_i^{s'} = C_i^s - \mu_C^s \tag{3.1}$$

式中，$C_i^{s'}$ 表示像素 i 经过平移该通道均值后得到的值。

（3）将经过平移的输入图像按参照图像的标准差进行缩放。

$$C_i^{s''} = \left(\frac{\sigma_C^t}{\sigma_C^s}\right) C_i^{s'} \tag{3.2}$$

式中，$C_i^{s''}$ 表示输入图像中像素 i 经过缩放后的像素值。

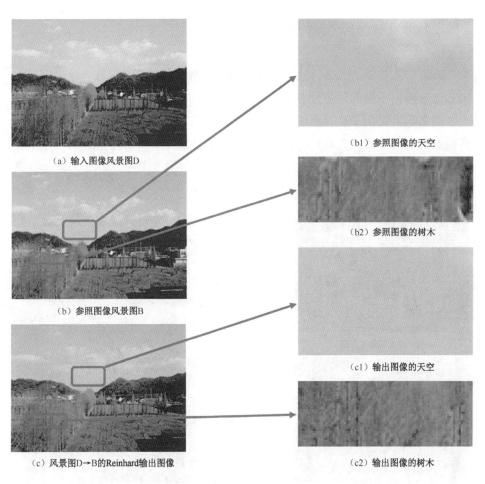

（a）输入图像风景图 D

（b1）参照图像的天空

（b）参照图像风景图 B

（b2）参照图像的树木

（c1）输出图像的天空

（c）风景图 D→B 的 Reinhard 输出图像

（c2）输出图像的树木

图 3.1　从风景图 D 到风景图 B 的颜色转移（见彩图）

（4）将经过缩放的输入图像再平移到参照图像均值的位置。

$$C_i^{\text{out}} = C_i^{\text{s''}} - \mu_C^{\text{t}} \tag{3.3}$$

式中，C_i^{out} 表示输入图像经过一系列变化后的输出图像中的像素 i 的值。

（5）将输出图像由 CIE L*a*b* 颜色空间转移到 RGB 颜色空间。

上述处理可以产生与参照图像颜色统计信息相似的输出图像，并保留输入图像中物体的结构。但当输入图像和参照图像较为复杂时，最终颜色转移结果无法令人满意。

3.1.3 迭代分布转移方法

Pitie 等人基于 N 维概率密度函数匹配将参照图像的颜色转移到输出图像[6]。IDT 方法输出图像的颜色分布可以与参照图像保持较高的一致性。这里在 IDT 方法的基础上提出了几种新的方法,在介绍新方法之前需要对 IDT 的方法思想实现过程进行介绍。实践证明,在 IDT 方法的颜色转移过程中容易产生伪色。如图 3.2 所示,魔方图 A 到魔方图 B 的颜色转移输出图像。如图 3.2(c1)所示,左边中间位置的小块中有一些不自然的像素。

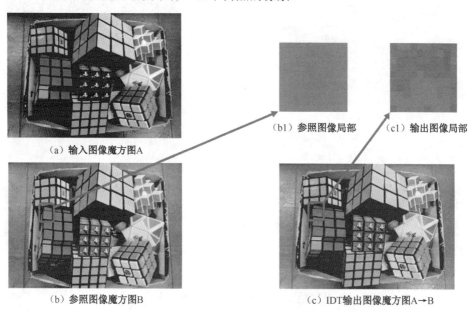

（a）输入图像魔方图A

（b1）参照图像局部　　　（c1）输出图像局部

（b）参照图像魔方图B

（c）IDT输出图像魔方图A→B

图 3.2　从魔方图 A 到魔方图 B 的颜色转移（见彩图）

假设 X、Y 是来自输入图像和参照图像的 N 维连续随机变量,$f(x)$、$f(y)$ 分别对应其概率函数。方法的目标是找到一个连续的映射函数 t,使得输入图像转换后的 f' 与参照图 g 匹配。利用该方法对彩色图像颜色转移的基础是对灰度图像的处理,即一个维度上的映射。

一维映射过程如下。

（1）利用映射函数 t 进行微分的变换:

$$f(u)\mathrm{d}u = g(v)\mathrm{d}v,\ t(u) = v \tag{3.4}$$

（2）等式两边求积分：

$$\int^{u} f(u)\mathrm{d}u = \int^{t(u)} g(v)\mathrm{d}v \qquad (3.5)$$

（3）通过累积分布函数的反函数求出映射函数 t

令

$$F(u) = \int^{u} f(u)\mathrm{d}u; \ G(t(u)) = \int^{t(u)} g(v)\mathrm{d}v \qquad (3.6)$$

则

$$F(u) = G(t(u)) \qquad (3.7)$$

对函数 G 求反函数得

$$t(u) = G^{-1}(F(u)), u \in \mathbb{R} \qquad (3.8)$$

在三维空间上对彩色图像的处理，是把三维映射的问题简化到一维映射的情况。将输入图像和参照图像旋转到新的坐标系，并在每个坐标轴上计算新的概率函数，然后在各轴上利用一维概率密度进行匹配。经过数次迭代，最终得到与参照图像具有相同颜色分布的输出图像。

三维映射过程如下。

（1）数据初始化。输入图像内所有像素点用集合 U 表示；参照图像内所有像素用集合 v 表示；输入图像中的像素 u_i，用向量 $(u_i^{\mathrm{L}}, u_i^{\mathrm{a}}, u_i^{\mathrm{b}})$ 表示；输出图像中的像素 v_i，用向量 $(v_i^{\mathrm{L}}, v_i^{\mathrm{a}}, v_i^{\mathrm{b}})$ 表示。

（2）取一个旋转矩阵分别对输入图像和参照图像进行旋转。将第 l 个矩阵表示为 $R_l = e_l^1, e_l^2, e_l^3$，用 e_l^k 表示 R_l 的第 k 个旋转向量；R_l 对像素 u_i 的旋转过程为

$$u_i R_l = \left(u_i e_l^1, u_i e_l^2, u_i e_l^3 \right), u_i e_l^k = \sum_{x \in \{\mathrm{L,a,b}\}} u_i^x e_l^{kx} \qquad (3.9)$$

则 $u_i e_l^k$ 为输入图像中像素 u_i 在 e_l^k 轴上的映射值；类似地，$v_i e_l^k$ 为参照图像中像素 v_i 在 e_l^k 上的映射值。

（3）对 e_l^k 分别应用一维概率密度匹配。输入图像和参照图像在新坐标轴上的概率分布函数可以表示为 $f_l^k(u_i e_l^k)$ 和 $g_l^k(v_i e_l^k)$，$F_l^k(u_i e_l^k)$ 和 $G_l^k(u_i e_l^k)$ 分别为 $f_l^k(u_i e_l^k)$ 和 $g_l^k(v_i e_l^k)$ 的累积概率分布函数；在 e_l^k 轴上进行一维概率匹配的过程可以表示为

$$\forall u_i \in U, \ t_l^k(u_i e_l^k) = (G_l^k)^{-1}[F_l^k(u_i e_l^k)] \qquad (3.10)$$

由此得到 e_l^k 上的映射函数 $t_l^k(u_i e_l^k)$。

（4）用旋转矩阵的逆，把经过概率密度匹配的像素差值旋转回原来的坐标系，对输入图像原始像素进行更新。

$$u = u + \delta, \ \delta = \left(R_l \left(t_l(u_i e_i) - v_i e_i \right) \right)^{\mathrm{T}} \tag{3.11}$$

式中，$(t_l(u_i e_i) - v_i e_i) = (t_l^1(u_i e_i^1) - v_i e_i^1, t_l^2(u_i e_i^2) - v_i e_i^2, \ t_l^3(u_i e_i^3) - v_i e_i^3)^{\mathrm{T}}$。

（5）利用不同的旋转矩阵对图像进行旋转 R_l，重复上面的步骤。使输入图像的颜色分布与参照图像的颜色分布匹配。如表 3.1 所示为该方法中使用的 12 个旋转矩阵。

表 3.1　IDT 中的旋转矩阵

1			2			3		
1.0000	0.0000	0.0000	0.3333	0.6667	0.6667	0.5774	0.2113	0.7887
0.0000	1.0000	0.0000	0.6667	0.3333	−0.6667	−0.5774	0.7887	0.2114
0.0000	0.0000	1.0000	−0.6667	0.6667	−0.3333	0.5774	0.5774	−0.5773
4			5			6		
0.5774	0.4083	0.7071	0.3326	0.9108	0.2448	0.2439	0.9107	0.3334
−0.5774	−0.4082	0.7071	−0.9109	0.2430	0.3335	0.9107	−0.3332	0.2442
0.5774	−0.8165	0.0000	−0.2443	0.3339	−0.9104	−0.3334	−0.2441	0.9106
7			8			9		
−0.1092	0.8102	0.5758	0.7593	0.6494	0.0419	0.8623	0.5033	0.0557
0.6454	0.4984	−0.5789	0.1434	−0.1042	0.9842	−0.4902	0.8021	−0.3410
0.7560	−0.3084	0.5774	0.6348	−0.7533	−0.1723	−0.1270	0.3214	0.9384
10			11			12		
0.9825	0.1492	0.1116	0.6871	−0.5776	−0.4409	0.4638	0.8224	0.3295
0.1861	−0.7565	−0.6269	0.5924	0.7966	−0.1203	0.0306	−0.3865	0.9218
−0.0091	0.6367	−0.7710	−0.4206	0.1785	−0.8895	−0.8854	0.4174	0.2044

3.1.4　Ueda 颜色转移方法

对于复杂图像，Reinhard 方法有时虽然无法完全按照参照图像转移颜色，但使用该方法不会出现伪色。而 IDT 方法恰好与之相反，经过 IDT 方法进行颜色转移的图像在绝大部分区域可以实现良好的颜色转移效果，且输出图像的颜色分布和参照图像的颜色分布相似度也比较高。但从输出结果的观察中发现，有些像素发生了不自然的改变，其相较于周围其他像素显得十分突兀。Ueda 等人提出的方法考虑将 IDT 方法与 Reinhard 方法的输出图像进行混合[20]，并计算两者的色差，在色差较大时用 Reinhard 方法表示最终的结果，在色差较小时用 IDT 方法的结果。该方法对两种颜色转移结果进行叠加，有时会产生伪色，还有可能混合出输入图像和参照图像之外的颜色。图 3.3 所示为通过 Ueda 颜色转移方法获得的书本图 B 到 A 的颜色转移结果。如图 3.3（c1）所示，原来蓝色的书本在 Ueda 结果中有些偏紫。

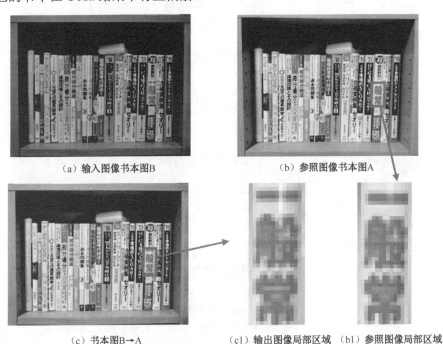

（a）输入图像书本图B　　　　　　　　（b）参照图像书本图A

（c）书本图B→A　　　　　（c1）输出图像局部区域　（b1）参照图像局部区域

图 3.3　书本图 B 到 A 的颜色转移（见彩图）

这里深度分析 Ueda 方法在抑制伪色和提高颜色转移结果相似性上的研究，以期找到新的伪色抑制办法。Ueda 方法利用对色差的一系列变化后得到的权重图来混合两种方法的输出结果，其流程如图 3.4 所示。

Ueda 方法的具体过程如下。

（1）通过 IDT 方法和 Reinhard 方法分别对输入图像进行颜色转移处理。对于像素 i，颜色转移后分别为 C_i^{IDT}、C_i^{Rei}。再利用式（3.12）计算它们之间的色差，计算公式如下：

$$\Delta E_i = \sqrt{\left(L_i^{*\text{Rei}} - L_j^{*\text{IDT}}\right)^2 + \left(a_i^{*\text{Rei}} - a_j^{*\text{IDT}}\right)^2 + \left(b_i^{*\text{Rei}} - b_j^{*\text{IDT}}\right)^2} \tag{3.12}$$

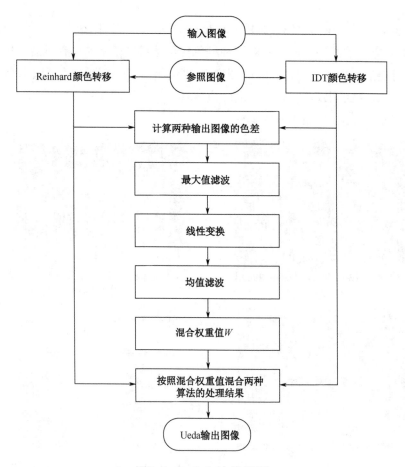

图 3.4　Ueda 方法流程图

然后，将所有色差值除以色差的最大值进行归一化处理，并存入一幅色差权重图。

（2）对色差图做窗口半径为 4 的最大滤波处理。在中心像素点 i 的滤波窗口内取最大的色差值，同时对经过滤波的色差值做线性化处理，公式如下：

$$\Delta E_i = \theta\left(\frac{\Delta E_i - a}{b - a}\right) \quad (3.13)$$

$$\theta(x)\begin{cases} 0, & x<0 \\ 1, & x>1 \\ x, & 其他 \end{cases} \quad (3.14)$$

式中，a 和 b 分别被设置为 0.4 和 0.6，色差小于 0.4 时，θ 设置为 0，色差大于

0.6 时，θ 设置为 1。这两个处理步骤是为了提升不同像素点色差的区别度，方便在后续混合时区分出哪些像素点用 IDT 方法，哪些像素点用 Reinhard 方法。

（3）对调整后的色差图像应用窗口半径为 4 的均值滤波器。经过最值滤波和线性变换后的色差图存在数值跳跃的情况，为使最终的混合结果更加平滑，需要进行一次均值滤波处理，然后将滤波后的结果作为 IDT 方法和 Reinhard 方法的输出图像混合的权重图 w。

（4）按照权重图 w 对 IDT 方法和 Reinhard 方法的输出图像进行混合，得到的输出图像为

$$C_i^{\mathrm{out}} = w_i C_i^{\mathrm{Rei}} + (1-w_i)C_i^{\mathrm{IDT}} \tag{3.15}$$

在色差较小的区域采用 IDT 方法合成图像的像素值，在色差较大的区域采用 Reinhard 方法合成图像的像素值。

经过上述一系列的操作，将 IDT 方法和 Reinhard 方法生成的图像自适应地混合到输出图像中，既减少了 IDT 方法输出结果中的伪色，也提高了 Reinhard 方法结果与参照图像颜色分布的匹配程度。

3.2　基于迭代分布转移的颜色转移方法

本节先对基于迭代分布转移的颜色转移进行了介绍，包括颜色分量投影和目标函数的设计过程，然后提出了伪色评价指标（False Color Index，FCI），最后对实验过程进行了介绍，并详细分析了实验结果。

3.2.1　方法介绍

IDT 方法通过概率函数匹配的方式，依据参照图像的概率函数调整输入图像的概率函数以实现颜色转移的效果。IDT 方法得到的输出图像在结构及轮廓与输入图像上保持一致，但输出图像中个别像素会产生一些伪色。如图 3.5 所示，IDT 方法不同方向的颜色转移结果都存在不同程度的伪色，图 3.5（a）是风景图 A 到 B 的颜色转移结果，其中出现了一些不自然的白色部分。

(a) 风景图A→B

(b) 风景图B→A

(c) 风景图D→B

(d) 风景图D→A

图 3.5　IDT 方法的输出图像（见彩图）

　　由于 IDT 方法可以很好地按照参照图像的颜色分布来调整输入图像的颜色，考虑用输入图像的颜色分量投影结果来表示 IDT 方法的输出结果，同时为了避免 IDT 方法中的伪色，这里根据像素块内像素值的波动情况来调节权重，使投影的结果更加关注 IDT 方法颜色转移效果较好的像素点。本书所提方法的流程如图 3.6 所示。首先，通过 IDT 方法对输入图像进行颜色转移处理，得到 IDT 方法的输出图像。接着，以 IDT 方法输出图像为目标图像构建基于颜色分量投影的目标函数。最后，通过最小化目标函数求解最优投影系数。

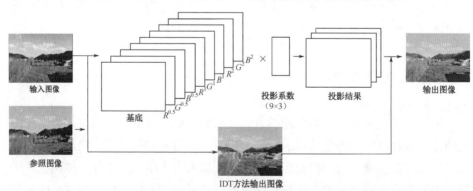

图 3.6　本书所提方法流程（见彩图）

1. 颜色分量投影

将输入图像在 RGB 分量上的值投影到不同的基底，这些基底是输入图像颜色分量的不同次方。将这些基底与相应的投影系数相乘再相加来表示 IDT 方法输出图像中某个颜色分量。通常可以用线性回归的方式来拟合一些简单的样本，但数据之间往往存在非线性的关系。多项式回归通过增加样本数据维度的方式来拟合样本之间的非线性关系，通过增加更高阶的项，使拟合程度逐渐提升，但不是阶数越高拟合结果就越好。随着多项式阶数的增加，会出现拟合结果波动的情况。类似多项式回归，这里需要更多数据维度来增加颜色的表现力，除输入图像本身外，还将输入图像颜色分量投影到 2 次方和 0.5 次方。这样的颜色分量投影得到的基底具有更好的颜色表现力，能够很好地拟合 IDT 方法的颜色转移结果，也能保证不出现数据波动。

用 C 表示 RGB 中一种颜色分量；用 C_i^{out} 表示输出图像中第 i 个像素的颜色分量，颜色分量投影公式如下：

$$C_i^{\text{out}} = \sum_{x \in S} \left[k_C^{(R,x)} \left(R_i^{\text{in}} \right)^x + k_C^{(G,x)} \left(G_i^{\text{in}} \right)^x + k_C^{(B,x)} \left(B_i^{\text{in}} \right)^x \right] \tag{3.16}$$

式中，R^{in}、G^{in} 和 B^{in} 为输入图像在 RGB 颜色空间中的颜色分量，将其归一化到[0, 1]的范围内。下标 i 表示输入图像中的第 i 个像素。将实数集[0.5, 1, 2]记为 S，其中每个值代表输入图像颜色分量的一类投影，$\left(R_i^{\text{in}} \right)^x$、$\left(G_i^{\text{in}} \right)^x$、$\left(B_i^{\text{in}} \right)^x$ 表示输入图像投影到 x 次方的基底。$k_C^{(R,x)}$、$k_C^{(G,x)}$、$k_C^{(B,x)}$ 为投影系数，下标 C 表示这些系数被用来构成的投影结果 C^{out}；投影系数与基底之间的对应关系用 (R,x)、(G,x)、(B,x) 来表示，分别对应于基底 $\left(R_i^{\text{in}} \right)^x$、$\left(G_i^{\text{in}} \right)^x$、$\left(B_i^{\text{in}} \right)^x$。投影系数向量 k_C 表示构成 C^{out} 的所有投影系数。

2. 构建目标函数

这里用 IDT 方法的颜色转移结果 C^{IDT} 作为投影结果 C^{out} 的目标来构造目标函数。目标函数定义为

$$\tilde{k}_C = \arg \min_{k_C \in \mathbb{R}^9} \sum_{i=1}^{n} \Phi\left(r_{l_i} \right) \left(C_i^{\text{out}} - C_i^{\text{IDT}} \right)^2 \tag{3.17}$$

式中，$\Phi(r_{l_i})$ 是一个根据像素块内颜色波动情况自动调节的参数。当 IDT 方法输出图像中的像素 C_i^{IDT} 相对周围像素变得很不自然时，希望 $\Phi(r_{l_i})$ 具有较小的

值，以确保在求解投影系数时更加关注 IDT 方法正常颜色转移的像素。

为了明确像素在颜色转移过程中的变化情况，这里将输入图像和参照图像划分为具有相似视觉特征的、连续的像素块。像素块内像素服从一定的统计学规律，且这种规律应当在颜色转移前后保持一致。这里将图像分成连续不重复的 $\eta \times \eta$ 个像素块，如图 3.7 所示。将其中的一个像素块编号为 l，U_l 用来表示像素块 l 中所有像素的集合，l_i 表示像素 i 所在块的编号。像素 j 是像素块 l_i 中的一个像素，V_j 是与中心像素 j 的棋盘距离在 ρ 以内的像素的集合，而 $|V_j|$ 记作这个区域内像素的个数。

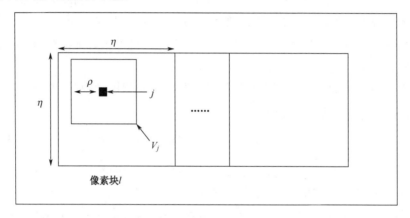

图 3.7 图像中像素块及像素 j 的邻域

分别计算输入图像和 IDT 方法输出图像中像素 j 的邻域 ρ 内的局部方差 v_j^{in} 和 v_j^{IDT}，从而确定像素 j 周围像素的波动情况。局部方差的计算公式如下：

$$v_j^{\text{in}} = \frac{1}{|V_j|}\left[\sum_{k \in V_j}[(L_k^{*\text{in}}-<L_j^{*\text{in}}>)^2 +(a_k^{*\text{in}}-<a_j^{*\text{in}}>)^2 +(b_k^{*\text{in}}-<b_j^{*\text{in}}>)^2\right] \quad (3.18)$$

$$v_j^{\text{IDT}} = \frac{1}{|V_j|}\sum_{k \in V_j}\left[(L_k^{*\text{IDT}}-<L_j^{*\text{IDT}}>)^2 +(a_k^{*\text{IDT}}-<a_j^{*\text{IDT}}>)^2 +(b_k^{*\text{IDT}}-<b_j^{*\text{IDT}}>)^2\right] \quad (3.19)$$

式中，L^*、a^* 和 b^* 是 CIE $L^*a^*b^*$ 颜色空间中的值，$<\cdot>$ 表示平均值。经过正常颜色转移的像素，其邻域内的波动情况在颜色转移前后应当保持一定的相似度，而伪色像素邻域内的波动情况是不同的。为衡量像素块内所有像素波动情况在颜色转移前后的相似度，这里用像素块内像素的局部方差的相关系数来表示相似度。相关系数的计算过程如下：

$$r_l = \frac{\sum\limits_{j \in U_l} \left(v_j^{\mathrm{in}} - <v^{\mathrm{in}}>\right)\left(v_j^{\mathrm{IDT}} - <v^{\mathrm{IDT}}>\right)}{\sqrt{\sum\limits_{j \in U_l}\left(v_j^{\mathrm{in}} - <v^{\mathrm{in}}>\right)^2}\sqrt{\sum\limits_{j \in U_l}\left(v_j^{\mathrm{IDT}} - <v^{\mathrm{IDT}}>\right)^2}} \tag{3.20}$$

最后，利用这个相关系数来定义一个伪色的权重系数，正相关时，权重为相关系数的值，其余情况为零，计算公式为

$$\Phi\left(r_l\right) = \begin{cases} r_l, & r_l > 0 \\ 0, & \text{其他} \end{cases} \tag{3.21}$$

当相似度很低时，$\Phi\left(r_l\right)$ 较小，说明该区域内的颜色分布规律发生了较大的变化，可能存在伪色，这样在最小化目标函数过程中即可实现对 IDT 中产生的伪色的抑制。

3. 求解投影系数

将图像写成向量的形式，用 m 表示图像中像素点的个数，将输入图像投影到 9 个基底，则输入图像可以用 $m \times 9$ 的矩阵 $\boldsymbol{C}^{\mathrm{in}}$ 表示；IDT 方法输出图像用 $m \times 1$ 的矩阵 $\boldsymbol{C}^{\mathrm{out}}$ 表示；k_c 为用来表示最终结果的 $\boldsymbol{C}^{\mathrm{out}}$ 分量的投影系数。$\Phi\left(r_l\right)$ 是像素 i 的权重。为方便计算，用一条对角线上的值为对应权重的对角矩阵 $\boldsymbol{\Phi}$ 表示权重。利用向量的形式表示目标函数如下：

$$J(k_c) = \frac{1}{2}(\boldsymbol{C}^{\mathrm{out}} - \boldsymbol{C}^{\mathrm{IDT}})^{\mathrm{T}}\boldsymbol{\Phi}(\boldsymbol{C}^{\mathrm{out}} - \boldsymbol{C}^{\mathrm{IDT}}) \tag{3.22}$$

为求解投影系数，对式（3.22）进行化解，具体过程如下：

$$
\begin{aligned}
J(k_c) &= \frac{1}{2}(\boldsymbol{C}^{\mathrm{out}} - \boldsymbol{C}^{\mathrm{IDT}})^{\mathrm{T}}\boldsymbol{\Phi}(\boldsymbol{C}^{\mathrm{out}} - \boldsymbol{C}^{\mathrm{IDT}}) \\
&= \frac{1}{2}\left[c^{\mathrm{in}}k_c - \boldsymbol{C}^{\mathrm{IDT}})^{\mathrm{T}}\boldsymbol{\Phi}(c^{\mathrm{in}}k_c - \boldsymbol{C}^{\mathrm{IDT}})\right] \\
&= \frac{1}{2}\left[(k_c)^{\mathrm{T}}(c^{\mathrm{in}})^{\mathrm{T}} - (\boldsymbol{C}^{\mathrm{IDT}})^{\mathrm{T}}\right]\boldsymbol{\Phi}(c^{\mathrm{in}}k_c - \boldsymbol{C}^{\mathrm{IDT}}) \\
&= \frac{1}{2}\left[(k_c)^{\mathrm{T}}(c^{\mathrm{in}})^{\mathrm{T}}\boldsymbol{\Phi}c^{\mathrm{in}}k_c - (k_c)^{\mathrm{T}}(c^{\mathrm{in}})^{\mathrm{T}}\boldsymbol{\Phi}\,\boldsymbol{C}^{\mathrm{IDT}} - (\boldsymbol{C}^{\mathrm{IDT}})^{\mathrm{T}}\boldsymbol{\Phi}\,c^{\mathrm{in}}k_c + (\boldsymbol{C}^{\mathrm{IDT}})^{\mathrm{T}}\boldsymbol{\Phi}\boldsymbol{C}^{\mathrm{IDT}}\right]
\end{aligned}
$$

$$\tag{3.23}$$

$J(k_c)$ 对 k_c 求偏导过程如下：

$$
\begin{aligned}
\frac{\partial(J(k_c))}{\partial(k_c)} &= \frac{1}{2}[2(c^{\mathrm{in}})^{\mathrm{T}}\boldsymbol{\Phi}c^{\mathrm{in}}k_c - (c^{\mathrm{in}})^{\mathrm{T}}\boldsymbol{\Phi}\boldsymbol{C}^{\mathrm{IDT}} - (c^{\mathrm{in}})^{\mathrm{T}}\boldsymbol{\Phi}^{\mathrm{T}}\boldsymbol{C}^{\mathrm{IDT}}] \\
&= (c^{\mathrm{in}})^{\mathrm{T}}\boldsymbol{\Phi}c^{\mathrm{in}}k_c - (c^{\mathrm{in}})^{\mathrm{T}}\boldsymbol{\Phi}\boldsymbol{C}^{\mathrm{IDT}}
\end{aligned}
\tag{3.24}
$$

使式（3.24）等于零，则

$$k_c = [(c^{\text{in}})^{\text{T}} \Phi c^{\text{in}}]^{-1} (c^{\text{in}})^{\text{T}} \Phi C^{\text{IDT}} \tag{3.25}$$

此时求出的 k_c，可以在 IDT 颜色转移效果好的情况下，使得 C^{out} 更接近 IDT 颜色转移结果 C^{IDT}，而在 IDT 颜色转移出现不自然的颜色的情况下，减少权重。

3.2.2　评价方法

1. Kullback-Leibler Divergence（KLD）

通过比较输出图像与参照图像颜色分布的相似度，可以评估颜色转移方法按照参照图像对输入图像的颜色调整程度。因此，这里引入用来测量两个分布之间距离的指标 KLD（Kullback-Leibler Divergence）。利用该指标可以计算输出图像与参照图像颜色分布的不相似度，其计算过程如下：

$$\text{KLD}\left(H^{\text{out}}, H^{\text{ref}}\right) = \sum_m H^{\text{out}}(m) \log_2 \frac{H^{\text{out}}(m)}{H^{\text{ref}}(m)} \tag{3.26}$$

式中，H^{out} 和 H^{ref} 分别表示输入图像和参考图像的颜色直方图。当 KLD 值较小时，输出图像的颜色分布与参考图像相似，说明该颜色转移方法的效果明显。

2. False Color Index（FCI）

在颜色转移方法的输出图像中，部分像素有时会出现不自然的颜色转移结果，将这种不自然的颜色称为伪色。在以往的研究中，研究者发现在颜色转移过程中可能会产生伪色，并且在抑制伪色方面进行了大量研究工作，但没有提出一种可以用来定量评价伪色的指标。为了定量地评价伪色，这里定义了伪色评价指标 FCI（False Color Index），其计算过程如下：

$$\text{FCI} = \sum_{i=1}^{n} \sum_{j=i+1}^{n} \phi_{ij} \tag{3.27}$$

$$\phi_{ij} = \begin{cases} 1, & \Delta E_{ij}^{\text{in}} < \alpha, \ \Delta E_{ij}^{\text{out}} > \beta \\ 0, & \text{其他} \end{cases} \tag{3.28}$$

式中，像素 i 和 j 的色差 $\Delta E_{ij}^{\text{in}}$ 计算公式为

$$\Delta E_{ij}^{\text{in}} = \sqrt{\left(L_i^{*\text{in}} - L_j^{*\text{in}}\right)^2 + \left(a_i^{*\text{in}} - a_j^{*\text{in}}\right)^2 + \left(b_i^{*\text{in}} - b_j^{*\text{in}}\right)^2} \tag{3.29}$$

输出图像中的色差 $\Delta E_{ij}^{\text{out}}$ 计算过程与 $\Delta E_{ij}^{\text{in}}$ 类似：

$$\Delta E_{ij}^{\text{out}} = \sqrt{\left(L_i^{*\text{out}} - L_j^{*\text{out}}\right)^2 + \left(a_i^{*\text{out}} - a_j^{*\text{out}}\right)^2 + \left(b_i^{*\text{out}} - b_j^{*\text{out}}\right)^2} \tag{3.30}$$

式中，α 和 β 是衡量色差大小的正实数。α 通常小于 β，当一对像素的色差在输入图像中较小（小于 α），而在输出图像中较大（大于 β）时，可以认为该像素对中一个像素的颜色是伪色。这里，假设 $\alpha = 5$，$\beta = 15$，通过这样的像素对的数量，可以定量分析出伪色的数量，其数值就是 FCI 的值。FCI 越小，产生的伪色就越少；FCI 越大说明产生的伪色越多。

3.2.3　实验及讨论

实验共使用了如图 3.8、图 3.9 和图 3.10 所示三种类型的图像，进行了 36 个方向的颜色转移，并对每个颜色转移结果用两种评价指标进行评价。从图像大小来看，风景图为 305 像素×216 像素，魔方图为 311 像素×216 像素，书本

（a）相机A

（b）相机B

（c）相机C

（d）相机D

图 3.8　风景图（见彩图）

图为 283 像素×216 像素。实验所用计算机的配置为 CPU(Intel Core i5-10500)，RAM（8GB）。编程环境采用 C++编程语言。该方法处理风景图的平均时间为 0.627s，处理魔方图的平均时间为 0.648s，处理书本图的平均时间为 0.564s。

（a）相机A   （b）相机B

（c）相机C   （d）相机D

图 3.9　书本图（见彩图）

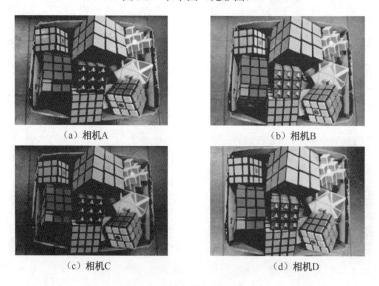

（a）相机A   （b）相机B

（c）相机C   （d）相机D

图 3.10　魔方图（见彩图）

1. 参数设定

在 FCI 评价指标中 α 和 β 是两个与伪色识别有关的参数,其取值为正实数。在输入图像中色差较小的像素对若在输出图像中色差较大,可以认为该像素对产生了伪色。按照 FCI 的定义, α 应当小于 β,不同的 α 和 β 组合的 FCI 对伪色的识别度是不同的。本实验使用不同的 α 和 β 组合的 FCI 对 IDT 方法输出图像中的伪色进行识别,并将识别为伪色的像素在 IDT 方法输出图像中设置为红色。

通过观察 IDT 方法输出图像中标为红色的像素与实际上真正的伪色像素的匹配程度,选择最佳参数组合。图 3.11(a)所示为输入图像;图 3.11(b)所示为图 3.11(a)中红色虚线圈出的放大区域;图 3.11(c)所示为 IDT 方法输出图像;图 3.11(d)所示为图 3.11(c)中对应的放大区域,这个区域包含了许多伪色;根据第 2 章中色差的定义,当色差小于 5 时表示两个像素的颜色较为接近,所以假设 α 为 5。图 3.11(e)所示为 $\alpha=5$、 $\beta=10$ 的伪色识别图,图中显示伪色的范围明显扩大,说明误将颜色正常的像素识别为伪色像素;图 3.11(f)所示为 $\alpha=5$、 $\beta=15$ 的伪色识别图,图像中标红的像素基本可以覆盖所有的伪色像素,说明可以较为准确地识别伪色像素;图 3.11(g)所示为 $\alpha=5$、 $\beta=20$ 时的伪色识别图,图中只有少量的伪色被标红,说明存在漏识别的情况。通过实验对比发现 $\alpha=5$、 $\beta=15$ 时可以较好地识别伪色。为验证 α 为 5 的合理性,又进行下面的实验。图 3.11(h)所示为 $\alpha=10$、 $\beta=15$ 的伪色识别情况,图中显示大量的正常像素被错误地识别为伪色像素,这说明 α 为 5 确实是合适的。综上所述,在所有组合中, $\alpha=5$、 $\beta=15$ 能更准确地识别伪色。

在设定目标函数的权重时,需要对像素块的大小和像素邻域范围的大小进行确定。本实验通过对比不同的参数所得输出图像的评价指标来选择最优的参数设定值。首先,本实验假定像素块的初始大小为 2($\eta=2$),像素 j 的邻域为距离像素 j 的棋盘距离为 2($\rho=2$)的局部区域。下面以风景图为例,列出随着像素块边长 η 的增大,输出图像两种评价指标的变化情况。如表 3.2 所示, η 为 8 和 16 的 KLD 的平均值相同,且是最小的,表明输出图像的颜色分布与参照图像最接近。进一步分析 KLD 的标准差, η 为 8 时标准差为 4.1, η 为 16 时标准差为 4.2,由此得出 $\eta=8$ 是所有列出值中最好的参数设置方式。如表 3.3 所示,当 $\eta=8$ 时 FCI 最小,即产生最少的伪色。所以,在 $\eta=8$ 时实验结果的两种评价指标相对更为理想。

（a）风景图A   （b）风景图A放大的区域

（c）IDT输出图像   （d）IDT结果对应的区域

（e）$\alpha=5$，$\beta=10$ （f）$\alpha=5$，$\beta=15$

（g）$\alpha=5$，$\beta=20$ （h）$\alpha=10$，$\beta=15$

图 3.11 不同 α、β 取值的伪色标记情况（见彩图）

表 3.2 不同 η 取值输出图像的 KLD 评价指标

η	2	4	8	16	32
A→B	27.3	27.2	26.8	27.0	27.4
B→A	28.4	26.9	26.0	26.5	26.9
A→C	18.2	18.2	18.4	18.4	18.4
C→A	26.6	26.4	26.3	26.6	26.8

续表

η	2	4	8	16	32
A→D	25.7	25.6	25.4	25.3	25.1
D→A	24.1	24.0	24.1	24.0	24.8
B→C	17.6	16.1	15.6	15.1	15.7
C→B	23.5	22.9	22.7	22.7	22.9
B→D	27.2	25.9	25.1	24.7	25.0
D→B	21.1	21.1	20.9	20.9	21.1
C→D	23.0	22.9	22.9	23.0	22.9
D→C	14.0	13.9	13.9	13.9	13.9
平均值	23.1	22.6	22.3	22.3	22.6

表 3.3　不同 η 取值输出图像的 FCI 评价指标

η	2	4	8	16	32
A→B	494	346	271	625	891
B→A	16	9	5	2	2
A→C	0	0	0	0	0
C→A	0	4	3	0	0
A→D	1	1	1	1	3
D→A	52	29	29	26	51
B→C	0	0	0	0	0
C→B	519	566	567	706	925
B→D	5	2	0	0	0
D→B	887	869	845	838	851
C→D	5	13	14	9	5
D→C	0	0	0	0	0
平均值	165	153	144	184	227

下面以风景图为例,列出随着增 ρ 的增大,输出图像两种评价指标的变化情况。如表 3.4 所示, $\rho = 2$ 时 KLD 是最小的,表示输出图像的颜色分布与参照图像最接近。如表 3.5 所示, $\rho = 2$ 时 FCI 也是最小,即产生最少的伪色。综上所述,当 $\eta = 8$ 、 $\rho = 2$ 时实验结果的两种评价指标较好,表明相对其他参数组合输出图像的颜色分布调整情况及伪色的抑制情况均取得不错的效果,可以满足实验的要求。

表 3.4　不同 ρ 取值输出图像的 KLD 评价指标

ρ	2	5	10	20
A→B	26.8	27.0	27.2	27.3
B→A	26.0	27.1	27	29.3
A→C	18.4	18.4	18.5	18.5
C→A	26.3	26.7	26.7	27
A→D	25.4	25.4	25.2	25.2
D→A	24.1	24.4	24.7	24.5
B→C	15.6	16.4	14.4	17.6
C→B	22.7	23.1	23.3	23.9
B→D	25.1	25.9	24.1	27.3
D→B	20.9	21.1	21.2	21.7
C→D	22.9	22.9	22.9	22.9
D→C	13.9	13.9	13.9	13.9
平均值	22.3	22.7	22.4	23.3

表 3.5　不同 ρ 取值输出图像的 FCI 评价指标

ρ	2	5	10	20
A→B	271	530	624	781
B→A	5	6	4	44
A→C	0	0	0	0
C→A	3	0	0	0
A→D	1	1	1	1
D→A	29	41	79	73
B→C	0	0	0	0
C→B	567	665	684	730
B→D	0	3	0	4
D→B	845	873	883	921
C→D	14	6	15	5
D→C	0	0	0	0
平均值	144	177	190	213

本实验用颜色分量投影的方法来表示 IDT 方法的输出结果，选择适当的基底对最终的投影结果至关重要。为了增加投影结果的表现力，假设使用输入图像颜色分量的 0.5 次方、1 次方和 2 次方的多项式来表示 IDT 方法的输出结果。

为证明上面假设的正确性，本实验对比了只用输出图像颜色分量的 1 次方表示的 IDT 方法输出图像的 KLD 评价指标来验证表现力的变化。如表 3.6 所示，三种图像采用一种基底的输出图像的 KLD 值均大于采用三种基底的输出图像的 KLD 值。说明通过适当地增加不同种类的基底，确实可以增加颜色分量的颜色表现力，从而使得输出图像的颜色分布更加接近参照图像的颜色分布。

表 3.6　不同基底的输出图像的 KLD 评价指标

结果	风景图		魔方图		书本图	
	$S=\{1\}$	$S=\{0.5, 1, 2\}$	$S=\{1\}$	$S=\{0.5, 1, 2\}$	$S=\{1\}$	$S=\{0.5, 1, 2\}$
A→B	30.3	26.8	32.8	29.9	28.3	24.7
B→A	30.9	26.0	29.3	25.2	31.3	28.5
A→C	24.9	18.4	25.8	23.8	26.3	25.5
C→A	29.4	26.3	28.2	26.0	33.1	32.3
A→D	30.5	25.4	31.9	32.4	31.5	30.8
D→A	28.4	24.1	30.5	31.2	33.8	30.3
B→C	21.3	15.6	24.9	23.1	25.3	24.4
C→B	28.8	22.7	33.3	30.9	29.0	28.0
B→D	26.1	25.1	32.8	32.3	32.7	30.8
D→B	28.3	20.9	33.9	34.0	32.7	27.0
C→D	27.2	22.9	32.5	32.9	31.1	30.6
D→C	17.5	13.9	28.5	29.2	25.6	23.5
平均值	27.0	22.3	30.4	29.2	30.1	28.0

除评价指标外，通过观察实验结果图像同样能得出相同的结论。图 3.12 所示为风景图经过不同基底得到的输出图像。图 3.12（a）为输入图像，图 3.11（b）为参照图像，图 3.12（c）为 IDT 方法的输出图像，图 3.12（d）为只用一个基底的输出图像，图 3.12（e）是使用 3 种基底的输出图像。通过观察发现输入图像偏亮色，参照图像整体偏暗，用 3 种基底的输出图像更接近参照图像的颜色（如天空部分）。

2. 实验结果分析

本实验将 Reinhard 等人的方法[1]、IDT 方法[6]、Fu 等人的方法[15]、Ueda 等人的方法[20]作为对比方法，通过 KLD 来对比颜色转移后输出图像与参照图像的颜色相似度；利用 FCI 来对比输出图像中的伪色量。最后还对输出图像进行了分析。表 3.7～表 3.9 给出了这些方法的输出图像的 KLD 值。

（a）输入图像

（b）参照图像

（c）IDT 输出图像

（d）3 个基底投影结果

（e）9 个基底投影结果

图 3.12　风景图经过不同基底得到的输出结果（见彩图）

表 3.7　风景图输出图像的 KLD 值

结果	风景图					
	输入	Reinhard 等人的方法	IDT 方法	Fu 等人的方法	Ueda 等人的方法	本节的方法
A→B	35.2	34.2	17.5	27.6	18.7	26.8
B→A	35.9	33.5	22.4	28.3	24	26.0
A→C	35.0	28.8	13.9	25.5	15	18.4
C→A	34.8	31.1	20.3	29.5	20.6	26.3
A→D	32.3	33.7	20.9	30.4	21.6	25.4
D→A	32.1	28.3	21	27	21.4	24.1
B→C	36.1	24.2	14.8	19.5	14.7	15.6
C→B	35.2	31.7	16.5	26.7	17.2	22.7
B→D	36.0	35.2	21.7	24.6	22.4	25.1
D→B	35.6	34.4	16.3	25.5	16.8	20.9

续表

结果	风景图					
	输入	Reinhard 等人的方法	IDT 方法	Fu 等人的方法	Ueda 等人的方法	本节的方法
C→D	35.4	32.8	20.2	26.2	20.7	22.9
D→C	35.9	27.2	12.8	18.3	12.8	13.9
平均值	35.0	31.3	18.2	25.8	18.8	22.3

表 3.8　书本图输出图像的 KLD 值

结果	书本图					
	输入	Reinhard 等人的方法	IDT 方法	Fu 等人的方法	Ueda 等人的方法	本节的方法
A→B	33.3	28.6	22	28.6	22	24.7
B→A	33.8	32.6	25.6	32.1	26.1	28.5
A→C	34.9	26.7	22.6	26.3	22.7	25.5
C→A	34.8	33	26.8	32.9	28.2	32.3
A→D	34.5	30.8	26.9	30.6	26.9	30.8
D→A	35	31.8	25.4	32.2	26.4	30.3
B→C	28.8	26.4	22.1	24.7	22.2	24.4
C→B	29.8	30.3	21.9	28	22.4	28.0
B→D	32.1	33.8	27	32.8	27.1	30.8
D→B	30.9	32.6	21.7	32.5	22.5	27.0
C→D	33.5	31.7	27.5	31.4	28.3	30.6
D→C	31.4	26.4	21.6	25.5	21.8	23.5
平均值	32.7	30.4	24.3	29.8	24.7	28.0

表 3.9　魔方图输出图像的 KLD 值

结果	魔方图					
	输入	Reinhard 等人的方法	IDT 方法	Fu 等人的方法	Ueda 等人的方法	本节的方法
A→B	34.4	31.2	24.2	32.6	26.0	29.9
B→A	35.0	28.0	24.0	29.2	25.6	25.2
A→C	32.5	27.9	20.8	26.4	21.1	23.8
C→A	33.2	30.2	24.3	26.5	24.3	26.0
A→D	34.1	32.2	30.9	32.2	31.1	32.4
D→A	34.9	32.4	24.4	30.9	25.4	31.2
B→C	34.2	25.3	21.4	22.7	21.7	23.1
C→B	33.0	30.6	24.1	29.2	24.7	30.9

结果	魔方图					
	输入	Reinhard 等人的方法	IDT 方法	Fu 等人的方法	Ueda 等人的方法	本节的方法
B→D	33.3	31.1	30.7	31.9	30.7	32.3
D→B	33.5	32.0	24.7	33.3	25.2	34.0
C→D	32.3	32.1	31.5	31.4	31.3	32.9
D→C	33.6	28.8	21.6	31.1	21.9	29.2
平均值	33.7	30.2	25.2	29.8	25.8	29.2

所有图像的 KLD 表中的数据具有相同的变化趋势，输入图像的 KLD 是最大的。Reinhard 等人方法和 Fu 等人方法的 KLD 均小于输入图像的 KLD，但高于其他方法的 KLD，这意味着 Reinhard 等人提出的方法和 Fu 等人提出的方法的输出结果与参照图像的相似度不如其他方法的高。Ueda 等人的方法与 IDT 具有相似的实验结果，并且他们的 KLD 值均比本节提出的方法低，但由于本节所提方法的目的是减少 IDT 等方法中的伪色，所以还需从伪色量来进行进一步比较。

本节定义了 FCI 评价指标来定量地评价输出图像中的伪色。表 3.10、表 3.11 和表 3.12 给出所有方法输出图像的 FCI 值。可以看出，本节提出方法输出图像的 FCI 值小于 IDT 和 Ueda 等人方法的输出图像的 FCI。这意味着本节提出的方法可以有效地抑制伪色。综合来看本节提出方法的评价指标最均衡，既有较好的颜色转移能力又有抑制伪色的能力。

表 3.10　风景图输出图像的 FCI 值

结果	风景图				
	Reinhard 等人的方法	IDT 方法	Fu 等人的方法	Ueda 等人的方法	本节的方法
A→B	0	10787	0	4237	271
B→A	0	15736	0	4126	5
A→C	0	2666	0	531	0
C→A	0	13533	0	8289	3
A→D	0	7113	0	5285	1
D→A	0	12977	0	3726	29
B→C	0	10961	0	3434	0
C→B	116	9452	0	3772	567

续表

结果	风景图				
	Reinhard 等人的方法	IDT 方法	Fu 等人的方法	Ueda 等人的方法	本节的方法
B→D	0	14021	0	7373	0
D→B	63	3669	0	714	845
C→D	0	2857	0	1	14
D→C	0	4	0	0	0
平均值	15	8648	0	3457	144

表 3.11　书本图输出图像的 FCI 值

结果	书本图				
	Reinhard 等人的方法	IDT 方法	Fu 等人的方法	Ueda 等人的方法	本节的方法
A→B	0	118	0	3	0
B→A	1295	5385	0	2760	2659
A→C	0	88	0	0	0
C→A	4582	9206	0	6948	3752
A→D	0	100	0	1	0
D→A	0	1931	0	519	890
B→C	0	0	0	0	0
C→B	0	68	0	0	1
B→D	0	1353	0	227	0
D→B	0	365	0	0	0
C→D	5	3897	0	2759	2
D→C	0	36	0	0	0
平均值	490	1879	0	1101	609

表 3.12　魔方图输出图像的 FCI 值

结果	魔方图				
	Reinhard 等人的方法	IDT 方法	Fu 等人的方法	Ueda 等人的方法	本节的方法
A→B	3568	2453	0	995	3403
B→A	0	2245	0	17	14
A→C	0	1127	0	657	0
C→A	0	3067	0	2078	0
A→D	0	11205	0	7378	0
D→A	0	3096	0	686	0

结果	魔方图				
	Reinhard 等人的方法	IDT 方法	Fu 等人的方法	Ueda 等人的方法	本节的方法
B→C	0	3138	0	1518	0
C→B	5595	14741	0	10459	6664
B→D	88	10792	0	7909	1164
D→B	2465	1714	0	620	2364
C→D	2677	25397	0	21484	1632
D→C	0	2810	0	1543	0
平均值	1199	6815	0	4612	1270

本实验同时对输出图像和参照图像的颜色相似度，以及是否包含伪色进行了观察。图 3.13 所示为书本图经过不同方法的颜色转移输出图像，其中图 3.13（a）所示为输入图像，图 3.13（b）所示为参照图像，图 3.13（c）所示为 Reinhard 等人方法的输出图像，图 3.13（d）所示为 IDT 方法的输出图像，图 3.13（e）所示为 Fu 等人方法的输出图像，图 3.13（f）所示为 Ueda 等人方法的输出图像，图 3.13（g）所示为本节提出方法的输出图像。在 Reinhard 等人方法输出图像的右边第三本书的红色比参照图像的红色更亮。在 IDT 方法输出图像中，书架区域很明显产生了伪色。在 Fu 等人方法的输出图像中，右边第一本书的蓝色比参照图像的蓝色要深，其颜色更加接近输入图像，说明该方法没有按照参照图像或很少地按照参照图像将颜色转移到输出图像上。在 Ueda 等人方法的输出图像中，书架区域产生了伪色，右边第一本书和第三本书的蓝色变成了紫色，说明该方法颜色转移过程中产生了伪色，并且会有颜色误传的现象。图 3.13（g）所示为本节提出方法的输出结果，其颜色与参照图像相似，同时在其他图像发生伪色的区域减少了不自然的情况。

图 3.14 所示为不同方法的魔方图颜色转移输出图像，图 3.14（a）所示为输入图像，图 3.14（b）所示为参照图像，图 3.14（c）所示为 Reinhard 等人方法的输出图像，图 3.14（d）所示为 IDT 方法的输出图像。图 3.14（a1）是图 3.14（a）中左上角蓝色魔方的放大图，图 3.14（a2）是图 3.14（a）内中间靠上位置黄色魔方图的放大图，其他图像中对应放大区域表示为图 3.14（b1）、图 3.14（b2）、图 3.14（c1）、图 3.14（c2）、图 3.14（d1）、图 3.14（d2）。图 3.14（c2）的黄色比参照图像中图 3.14（b2）的黄色暗一些，与输入图像中图 3.14

（a2）的颜色更相似，说明 Reinhard 等人方法的颜色转移效果不理想。IDT 方法的输出结果中，图 3.14（d1）内产生了伪色。

（a）输入图像　　　　　　　　（b）参照图像

（c）Reinhard等人的方法　　　　（d）IDT方法

（e）Fu等人的方法　　　　　　（f）Ueda等人的方法

（g）本节方法

图 3.13　书本图经过不同方法得到的输出结果（见彩图）

图 3.15（a）所示为 Fu 等人方法的输出图像，图 3.15（b）所示为 Ueda 等人方法的输出图像，图 3.15（c）所示为本节提出方法的输出图像。图 3.15（a1）是图 3.15（a）左上角蓝色魔方的放大图，图 3.15（a2）是图 3.15（a）中间靠上位置黄色魔方图的放大图，其他图像中对应放大区域表示为图 3.15（b1）、图 3.15（b2）、图 3.15（c1）、图 3.15（c2）。图 3.15（a2）的黄色比参照图像中图

3.15（b2）的颜色要深，说明 Fu 等人方法和 Reinhard 等人方法类似，输出图像与参照图像的相似度不高。在 Ueda 等人方法的输出图像中，图 3.15（b1）的蓝色与参照图像相同位置的颜色明显不同，同时图 3.15（b2）中产生了一些伪色。本节所提方法的输出图像，对比其他方法的输出图像，其颜色与参照图像更相似，且产生的伪色更少。

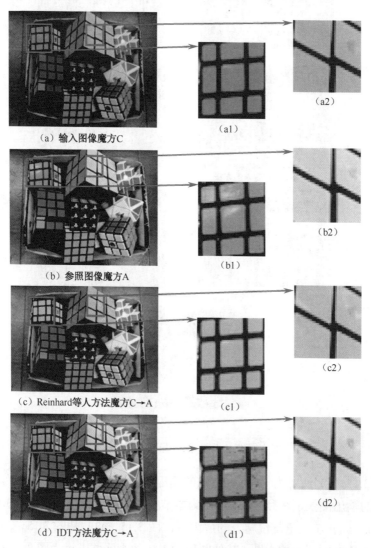

（a）输入图像魔方C　　　（a1）　　　　　（a2）

（b）参照图像魔方A　　　（b1）　　　　　（b2）

（c）Reinhard等人方法魔方C→A　　（c1）　　　　（c2）

（d）IDT方法魔方C→A　　　（d1）　　　　　（d2）

图 3.14　魔方图经过不同方法得到的输出结果（见彩图）

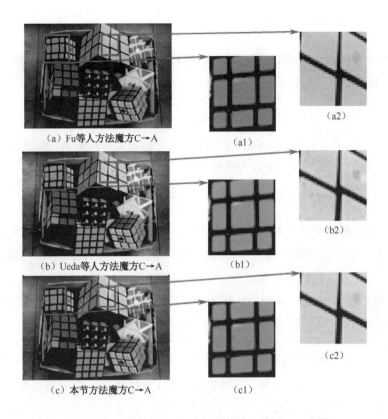

（a）Fu 等人方法魔方 C→A 　　　　　　（a1）　　　　　　　　（a2）

（b）Ueda 等人方法魔方 C→A 　　　　　（b1）　　　　　　　　（b2）

（c）本节方法魔方 C→A 　　　　　　　　（c1）　　　　　　　　（c2）

图 3.15　魔方图经过不同方法得到的输出结果（见彩图）

3.3　基于伪彩色抑制的彩色图像颜色转移方法

本节首先对基于伪彩色抑制的彩色图像颜色转移方法进行了介绍，然后对实验中用到参数进行了对比实验分析，最后对本节提出的三种颜色转移方法在评价指标数据上进行了对比分析，还进行了图像上的直观比较。

3.3.1　方法介绍

为抑制颜色转移图像中产生的伪彩色，本节考虑引入重视色差的权重，该权重重视相近的颜色，以确保输入图像中相同的颜色被转移为输出图像中相同的颜色。

本节提出的方法在构造目标函数时同样使用了颜色分量投影，对颜色分量投影的目标函数，计算公式如下：

$$\tilde{k}_C = \arg \min_{k_C \in \mathbb{R}^{3|P|}} \left[\sum_{i=1}^{n} \left(\boldsymbol{C}_i^{\text{out}} - \boldsymbol{C}_i^{\text{IDT}} \right)^2 \right] \tag{3.31}$$

与此同时，为了抑制伪色，本节在目标函数中添加了保持输入图像内中心像素邻域内色差的一项，目标函数公式如下：

$$\tilde{k}_C = \arg \min_{k_C \in \mathbb{R}^{3|P|}} \left[\sum_{i=1}^{n} \left(\boldsymbol{C}_i^{\text{out}} - \boldsymbol{C}_i^{\text{IDT}} \right)^2 + \frac{\lambda}{(2\rho+1)^2} \sum_{(i,j) \in S_\rho} w_{ij} \left(\boldsymbol{C}_i^{\text{out}} - \boldsymbol{C}_j^{\text{out}} \right)^2 \right] \tag{3.32}$$

式中，n 为像素的个数；λ 是一个非负实参，用来平衡目标函数中两项的权重；s_ρ 是距离像素 i 的棋盘距离为 ρ 的所有像素 j 的集合；w_{ij} 是在输出图像中使像素 i 与像素 j 保持相似度的权重值。

本节通过保持输入图像内中心像素与其邻域内其他像素的色差来抑制伪色。在输入图像中用 $\Delta E_{ij}^{\text{in}}$ 表示两个像素的色差，其定义如下：

$$\Delta E_{ij}^{\text{in}} = \sqrt{\left(L_i^{*\text{in}} - L_j^{*\text{in}} \right)^2 + \left(a_i^{*\text{in}} - a_j^{*\text{in}} \right)^2 + \left(b_i^{*\text{in}} - b_j^{*\text{in}} \right)^2} \tag{3.33}$$

式中，$L^{*\text{in}}$，$a^{*\text{in}}$，和 $b^{*\text{in}}$ 是输入图像在 CIE L*a*b*颜色空间中的值，希望色差越小权重越大。为了让权重随色差变化更加明显，先将色差进行平方，再用一个关于色差的单调递减的指数函数来表示权重，定义如下：

$$w_{ij} = \exp \left[-\frac{\left(\Delta E_{ij}^{\text{in}} \right)^2}{2\sigma^2} \right] \tag{3.34}$$

式中，σ 是一个正实数，通过改变 σ 值来调节在输出图像内色差对中心像素颜色的影响程度，σ 越小色差对中心像素的影响越大，反之越小。

3.3.2 实验及讨论

1. 参数设定

在目标函数中 w 的设置是伪色抑制的关键，σ 值则是用来调节 w 影响程度的参数。$\lambda/(2\rho+1)^2$ 是用来调节抑制伪色和颜色转移之间的平衡关系的参数。假设抑制伪色和颜色转移两项之间权重是相同的，$\lambda/(2\rho+1)^2 = 1$，在其他参数确定后再调整两项之间的权重，得到相对均衡的颜色转移效果。

中心像素的邻域为距离中心像素的棋盘距离为 2 的局部区域。在本节的方法中，假设邻域的范围也是距离中心像素棋盘距离为 2 的区域（$\rho=2$），λ 相应地被确定为 25。为了确定具有较好颜色转移效果时 σ 的取值，分别用两个评价指标对不同 σ 对应的颜色转移结果进行评价。当 $\sigma=1$ 时 w 的变化幅度是最大的，随着 σ 的增大 w 的变化幅度逐渐递减。下面以魔方图的颜色转移结果为例，列出随着 σ 增大输出图像的评价指标变化情况。如表 3.13 所示，当 σ 为 2.5 和 3 时输出图像的 KLD 相对较小；如表 3.14 所示，当 σ 为 3、3.5、4 时输出图像的 FCI 值相对较小；两个指标大体的变化趋势都是由大变小再变大，但它们取到最小值时的参数值不同，为了使两个指标都取到相对较好的值，将 σ 设置为 3。综上所述，$\rho=2, \lambda=25, \sigma=3$ 是目前最好的参数组合。

表 3.13　随着 σ 的逐渐增大输出图像的 KLD 值

σ	1	1.5	2	2.5	3	3.5	4	4.5	5
A→B	30.06	30.22	30.61	30.15	30.48	31.11	31.01	31.45	31.39
B→A	25.55	25.55	25.59	25.16	25.30	25.25	25.18	25.18	25.16
A→C	23.82	23.77	23.86	23.90	24.04	23.92	24.02	24.14	24.31
C→A	25.75	25.46	25.30	25.12	24.93	25.00	24.94	24.97	25.11
A→D	32.38	32.47	32.34	32.45	32.54	32.78	32.61	32.70	32.85
D→A	30.97	30.96	30.84	30.82	30.83	30.65	30.6	30.57	30.58
B→C	23.29	23.27	23.35	23.40	23.39	23.48	23.55	23.53	23.52
C→B	31.09	31.22	31.10	31.25	31.25	31.30	31.44	31.52	31.80
B→D	32.32	32.53	32.68	32.61	32.68	32.60	32.43	32.45	32.10
D→B	34.00	33.91	33.98	34.06	33.98	34.02	34.23	34.19	34.10
C→D	32.67	32.58	32.48	32.54	32.48	32.57	32.64	32.77	32.73
D→C	29.22	29.18	29.10	29.14	29.02	29.08	29.12	28.95	28.82
平均值	29.26	29.26	29.27	29.22	29.24	29.31	29.31	29.37	29.37

表 3.14　随着 σ 的逐渐增大输出图像的 FCI 值

σ	1	1.5	2	2.5	3	3.5	4	4.5	5
A→B	2688	2407	1467	1414	1580	1666	1448	1517	1403
B→A	3	1	0	0	0	0	0	0	0
A→C	0	0	0	0	0	0	0	0	0

σ	1	1.5	2	2.5	3	3.5	4	4.5	5
C→A	0	0	0	0	0	0	0	0	0
A→D	0	0	0	0	0	0	0	0	0
D→A	0	0	0	0	0	0	0	0	0
B→C	0	0	0	0	0	0	0	0	0
C→B	5740	5638	5581	5562	5507	5453	5387	5329	5259
B→D	798	475	141	15	1	0	0	0	0
D→B	1970	1730	1557	1294	999	1039	884	1069	964
C→D	1134	872	598	389	270	300	424	2342	3076
D→C	0	0	0	0	0	0	0	0	0
平均值	1028	927	779	723	696	705	679	855	892

为了验证对 ρ 的假设，通过改变 ρ 的值对比实验结果的评价指标来确定最优的实验参数。如表 3.15 所示，当 $\rho=1$，$\lambda=9$ 和 $\rho=2$，$\lambda=25$ 时输出图像的 KLD 值基本相等且是最小的；如表 3.16 所示，$\rho=2$，$\lambda=25$ 时 FCI 是最小的值。总体而言，在所有参数中，$\rho=2$，$\lambda=25$ 的参数组合比较合适。

表 3.15 随着 ρ 的逐渐增大输出图像的 KLD 值

ρ, λ	$\rho=1$, $\lambda=9$	$\rho=2$, $\lambda=25$	$\rho=3$, $\lambda=49$	$\rho=4$, $\lambda=81$
A→B	30.09	30.48	31.37	31.73
B→A	25.42	25.30	25.12	25.01
A→C	23.83	24.04	24.22	24.44
C→A	25.65	24.93	24.95	25.03
A→D	32.37	32.54	32.76	33.12
D→A	31.00	30.83	30.61	30.05
B→C	23.21	23.39	23.57	23.58
C→B	30.87	31.25	31.77	32.60
B→D	32.52	32.68	31.83	32.33
D→B	33.87	33.98	34.24	34.14
C→D	32.69	32.48	33.08	33.63
D→C	29.22	29.02	28.89	28.66
平均值	29.23	29.24	29.37	29.53

表 3.16　随着 ρ 的逐渐增大输出图像的 FCI 值

ρ, λ	ρ=1, λ=9	ρ=2, λ=25	ρ=3, λ=49	ρ=4, λ=81
A→B	2768	1580	1503	1159
B→A	1	0	0	0
A→C	0	0	0	0
C→A	0	0	0	2
A→D	0	0	0	23
D→A	0	0	0	0
B→C	0	0	0	0
C→B	6101	5507	5452	5795
B→D	747	1	0	0
D→B	1915	999	773	508
C→D	1227	270	819	1837
D→C	0	0	0	0
平均值	1063	696	712	777

最后，本实验对于 λ 进行改变，来调节伪色抑制与颜色调节之间的平衡。如表 3.17 所示，当 λ 变大时 KLD 呈现增大的趋势。如表 3.18 所示，当 λ 变大时 FCI 整体上呈现减小的趋势。为了使实验效果更加均衡，所以按照折中处理，即保持两项之间权重相等（λ 取 25）。

表 3.17　随着 λ 的逐渐增大输出图像的 KLD 值

λ	5	10	15	20	25	30	35	40
A→B	29.91	30.48	30.64	30.58	30.50	31.14	30.92	31.23
B→A	25.40	25.46	25.09	25.27	25.30	25.24	25.27	25.18
A→C	23.86	23.88	23.87	23.91	24.00	23.93	23.98	23.99
C→A	25.64	25.46	25.22	25.15	24.90	24.87	24.97	24.79
A→D	32.43	32.42	32.51	32.40	32.50	32.56	32.52	32.62
D→A	30.97	30.96	30.82	30.79	30.80	30.71	30.67	30.68
B→C	23.20	23.26	23.31	23.40	23.40	23.41	23.49	23.54
C→B	31.01	30.74	31.09	31.10	31.20	31.33	31.45	31.58
B→D	32.40	32.42	32.50	32.53	32.70	32.76	32.43	32.28
D→B	33.87	33.92	34.07	34.01	34.00	34.03	34.05	34.24
C→D	32.65	32.44	32.48	32.46	32.50	32.55	32.55	32.77
D→C	29.24	29.14	29.15	29.11	29.00	29.04	29.11	28.93
平均值	29.22	29.22	29.23	29.23	29.23	29.30	29.28	29.32

表 3.18　随着 λ 的逐渐增大输出图像的 FCI 值

λ	5	10	15	20	25	30	35	40
A→B	2878	2671	2116	1718	1580	995	767	1152
B→A	3	0	0	0	0	0	0	0
A→C	0	0	0	0	0	0	0	0
C→A	0	0	0	0	0	0	0	0
A→D	0	0	0	0	0	0	0	0
D→A	0	0	0	0	0	0	0	0
B→C	0	0	0	0	0	0	0	0
C→B	6187	5820	5685	5576	5507	5429	5334	5273
B→D	847	500	204	13	1	0	0	0
D→B	2069	1882	1668	1310	999	793	1004	969
C→D	1221	1026	658	466	270	196	171	179
D→C	0	0	0	0	0	0	0	0
平均值	1100	992	860	756.9	696.4	617.8	606.3	631.1

2. 实验结果分析

上一节的对比实验证明了本书提出的基于迭代分布转移的彩色图像颜色转移方法优于其他对比方法。本节着重针对基于伪彩色抑制的彩色图像颜色转移方法与上一节方法的实验结果进行对比。

表 3.19 所示为本章提出的两种方法的 KLD 值。基于伪彩色抑制的彩色图像颜色转移方法的 KLD 值比基于迭代分布转移的彩色图像颜色转移方法的 KLD 值要低，说明在颜色相似度方面确实有不少提升。表 3.20 所示为两种方法的 FCI 指标对比，基于伪彩色抑制的彩色图像颜色转移方法的 FCI 值均要比基于迭代分布转移的彩色图像颜色转移方法都要低很多，说明在抑制伪色方面本节提出的方法有了很大的改进。由此可知，基于伪彩色抑制的彩色图像颜色转移方法相对于基于迭代分布转移的颜色转移方法，在输出图像与参照图像的颜色相似度方面，尤其是在伪色抑制方面有了很大的提升。

表 3.19　本章提出的两种方法的 KLD 值

方法	基于迭代分布转移的彩色图像颜色转移方法			基于伪彩色抑制的彩色图像颜色转移方法		
输出	风景图	书本图	魔方图	风景图	书本图	魔方图
A→B	26.80	24.70	29.90	23.40	24.70	30.50

续表

方法	基于迭代分布转移的彩色图像颜色转移方法			基于伪彩色抑制的彩色图像颜色转移方法		
输出	风景图	书本图	魔方图	风景图	书本图	魔方图
B→A	26.00	28.50	25.20	32.00	28.60	25.30
A→C	18.40	25.50	23.80	14.50	25.20	24.00
C→A	26.30	32.30	26.00	27.20	30.70	24.90
A→D	25.40	30.80	32.40	22.00	31.00	32.50
D→A	24.10	30.30	31.20	24.30	30.30	30.80
B→C	15.60	24.40	23.10	18.40	24.10	23.40
C→B	22.70	28.00	30.90	22.90	25.70	31.20
B→D	25.10	30.80	32.30	27.60	30.80	32.70
D→B	20.90	27.00	34.00	19.10	26.40	34.00
C→D	22.90	30.60	32.90	23.40	30.30	32.50
D→C	13.90	23.50	29.20	12.90	23.00	29.00
平均值	22.34	28.03	29.24	22.31	27.57	29.23

表 3.20　本章提出的 2 种方法的 FCI 值

方法	基于迭代分布转移的彩色图像颜色转移方法			基于伪彩色抑制的彩色图像颜色转移方法		
输出	风景图	书本图	魔方图	风景图	书本图	魔方图
A→B	271	0	3403	263	0	1580
B→A	5	2659	14	0	1442	0
A→C	0	0	0	0	0	0
C→A	3	3752	0	0	2103	0
A→D	1	0	0	0	0	0
D→A	29	890	0	0	156	0
B→C	0	0	0	0	0	0
C→B	567	1	6664	410	1	5507
B→D	0	0	1164	0	0	1
D→B	845	0	2364	805	0	999
C→D	14	2	1632	3	0	270
D→C	0	0	0	32	0	0
平均值	144	609	1270	126	309	696

从上面的评价指标的结果来看，虽然基于伪彩色抑制的彩色图像颜色转移方法的各个指标比基于迭代分布转移的彩色图像颜色转移方法的有所降低。

但在输出图视觉上的差异并不是很大，主要表现在输出图像中的伪色量更少。图 3.16 所示为风景图从图像 A 到图像 B 的颜色转移。图 3.16（a）所示为输入图像，图 3.16（b）所示为参照图像，图 3.16（c）所示为基于迭代分布转移的彩色图像颜色转移方法的实验结果，图 3.16（d）所示为基于伪彩色抑制的彩色图像颜色转移方法的实验结果。如图 3.16（c）所示，在图中左下角的树的位置存在一些偏白的点，这些点与图像周围区域颜色相差较大，表现得有些不自然，很可能产生了伪色。而在图 3.16（d）中树的位置整体表现比较自然，可以认为基于伪彩色抑制的彩色图像颜色转移方法的伪色抑制能力有所提高。

（a）风景图 A　　　　　　　　　　　　　　（b）风景图 B

（c）基于迭代分布转移的颜色转移方法　　　（d）基于伪彩色抑制的颜色转移方法

图 3.16　从风景图 A 到风景图 B 的颜色转移（见彩图）

3.4　本章小结

本章对基于迭代分布转移的彩色图像颜色转移方法进行了深入的研究和分析，取得了一定的成果。

首先，提出了基于迭代分布转移的彩色图像颜色转移方法，该方法是在迭代分布转移方法（IDT 方法）的基础上，利用颜色分量投影的结果表示 IDT 方法输出图像，且利用二者之间的差距构建目标函数来求解投影系数。在最小化目标函数求解投影系数时，利用像素块内颜色分布变化情况来衡量是否发生了伪色，如果输出图像像素块内的颜色分布和输入图像的相关度很低，目标函数中的系数就会变得比较小。利用这种自适应的机制来抑制伪色，实现了在保持 IDT 方法颜色转移能力的同时抑制了其中的伪色。

其次，在基于伪彩色抑制的彩色图像颜色转移方法中，利用邻域内像素之间的色差，在输出图像中保持输入图像中的色差，从而实现了伪色的抑制，相较于其他方法，评价指标都有所提升，尤其是在伪色抑制方面有了进一步提升。

最后，通过以往颜色转移方法的对比实验证明了本章所提方法的有效性。但本章所提方法仍具有一定的局限性：基于迭代分布转移的彩色图像颜色转移方法对一个像素块内所有像素设置相同的权重，灵活性稍微欠缺。基于伪彩色抑制的彩色图像颜色转移方法，利用对输出图像中邻域内像素相似度的限制来实现伪色的抑制，这个方法在抑制伪色上具有很大提升，但在颜色分布的一致性上还有改进的空间。

本章参考文献

[1] REINHARD E, ADHIKHMIN M, GOOCH B, et al. Color transfer between images[J]. IEEE Computer Graphics and Applications, 2001, 21(5): 34-41.

[2] WELSH T, ASHIKHMIN M, MUELLER K. Transferring color to greyscale images[C]. Proceedings of the 29th Annual Conference on Computer Graphics and Interactive Techniques, 2002: 277-280.

[3] ZHANG M, GEORGANAS N D. Fast color correction using principal regions mapping in different color spaces[J]. Real-Time Imaging, 2004, 10(1): 23-30.

[4] TAI Y W, JIA J, TANG C K. Local color transfer via probabilistic segmentation by expectation-maximization[C]. Croceedings of the 2005 IEEE Computer Society Conference on Computer Vision and Pattern Recognition (CVPR'05), 2005: 747-754.

[5]   LUAN Q, WEN F, XU Y Q. Color transfer brush[C]. Proceedings of the 15th Pacific Conference on Computer Graphics and Applications (PG'07), 2007: 465-468.

[6]   PITIE F, KOKARAM A C, DAHYOT R. Automated colour grading using colour distribution transfer[J]. Computer Vision and Image Understanding, 2007, 107(1-2): 123-137.

[7]   WEN C L, HSIEH C H, CHEN B Y, et al. Example-based multiple local color transfer by strokes[C]. Proceedings of the Computer Graphics Forum, 2008: 1765-1772.

[8]   XIAO X, MA L. Gradient-preserving color transfer[C]. Proceedings of the Computer Graphics Forum, 2009: 1879-1886.

[9]   RABIN J, DELON J, GOUSSEAU Y. Removing artefacts from color and contrast modifications[J]. IEEE Transactions on Image Processing, 2011, 20(11): 3073-3085.

[10]   YOO J D, PARK M K, CHO J H, et al. Local color transfer between images using dominant colors[J]. Journal of Electronic Imaging, 2013, 22(3): 033003.

[11]   SU Z, ZENG K, LIU L, et al. Corruptive artifacts suppression for example-based color transfer[J]. IEEE Transactions on Multimedia, 2014, 16(4): 988-999.

[12]   CHEN W S, HUANG M L, WANG C M. Optimizing color transfer using color similarity measurement[C]. Proceedings of the 2016 IEEE/ACIS 15th International Conference on Computer and Information Science (ICIS), 2016: 1-6.

[13]   ARBELOT B, VERGNE R, HURTUT T, et al. Local texture-based color transfer and colorization[J]. Computers and Graphics, 2017, 62: 15-27.

[14]   WANG D, ZOU C, LI G, et al. L0 gradient-preserving color transfer[C]. Proceedings of the Computer Graphics Forum, 2017: 93-103.

[15]   FU X, MENG M, TANAKA G. A Proposal of Color Calibration Method based on Projection of Color Components for Images Taken by Different Cameras[J]. IEICE Technical Report, 2017, 117(235): 49-52.

[16]   LI Z, TAN Z, CAO L, et al. Directive local color transfer based on dynamic look-up table[J]. Signal Processing: Image Communication, 2019, 79: 1-12.

[17] FAN M, LI Z, LONG J. Color transfer based on visual saliency[C]. Proceedings of the Advances in Graphic Communication, Printing and Packaging: Proceedings of 2018 9th China Academic Conference on Printing and Packaging, 2019: 227-232.

[18] WU Z, XUE R. Color transfer with salient features mapping via attention maps between images[J]. IEEE Access, 2020, 8: 104884-104892.

[19] XIE B, ZHANG K, LIU K. Color transfer based on color classification[C]. Proceedings of the Journal of Physics: Conference Series, 2020: 032028.

[20] UEDA Y, MISAWA H, KOGA T, et al. IDT and color transfer-based color calibration for images taken by different cameras[J]. Journal of Advanced Computational Intelligence and Intelligent Informatics, 2020, 24(1): 123-133.

第 4 章

基于色彩信息的彩色图像灰度化方法

通过彩色图像设备的开发，数字图像可以在许多场景中进行处理。众所周知，数字彩色图像是用红（Red）、绿（Green）、蓝（Blue）三种元素记录的。在日常生活中，彩色图像通常被视为灰度媒体，如在报纸和杂志上，由于灰度印刷比彩色印刷成本更低、速度更快，即使在今天，它也经常被使用。在将彩色图像打印为灰度图像时，需要使用彩色到灰度的转换方法。

本章先介绍彩色图像灰度化相关方法及其优缺点，然后提出三种彩色图像灰度化方法，最后给出具体的实验及讨论。

4.1 基本理论知识

为解决彩色图像灰度化过程中色彩信息丢失的问题，学者提出了许多彩色图像灰度化方法[1-14]。许多方法都是基于将输入图像中的颜色信息反映到输出灰度图像中的优化问题。可以说，基于优化问题的方法是这一研究领域的主流。此外，还有学者提出了一些基于投影的色灰转换方法。虽然有很多关于彩色图像灰度化相关的研究，但这些方法仍有改进的余地。

4.1.1 亮度分量

通常，提取彩色图像的亮度分量作为灰度图像的灰度级。例如，在高清电视标准的灰度化[15]中，亮度 Y 定义为

$$Y = 0.2126R + 0.7152G + 0.0722B \tag{4.1}$$

式中，R、G、B 是彩色图像中每个像素的 RGB 值。由于该方法计算成本低，且在许多情况下可以获得较好的灰度图像，因此该转换方法已被应用多年。然而，在灰度化中，只考虑亮度分量，颜色信息并不能在灰度图像中得到适当的反映。在图 4.1（a）和图 4.1（b）中，太阳在灰度图像中没有反射。因此，需要一种适当反映颜色信息的灰度化方法。

（a）原始图像　　　　　　　　　　　　　　　（b）亮度分量

图 4.1　莫奈的 Impression 及其灰度图像（见彩图）

4.1.2　Gooch 的灰度化方法

Gooch 等人提出了 Color2Gray 方法[3]，该方法定义了一个目标函数，其中包含"带符号的颜色距离"。通过最小化目标函数得到灰度图像。

Color2Gray 目标函数的定义为

$$E(\boldsymbol{f}) = \sum_{(i,j)\in\sigma} \left[(f_i - f_j) - \delta_{ij} \right]^2 \tag{4.2}$$

式中，向量 $\boldsymbol{f} = (f_1, f_2, \cdots, f_n)$ 表示灰度图像，n 为输入彩色图像的像素数，f_i 为第 i 个像素的灰度，δ_{ij} 表示第 i 个和第 j 个像素之间的带符号的颜色距离，是输入彩色图像中全域或邻域区域像素对的集合。

通过最小化 Color2Gray 中的 E 来获得灰度图像。最小化问题定义为

$$\tilde{\boldsymbol{f}} = \arg\min_{f_i \in \mathbb{R}} E(\boldsymbol{f}) \tag{4.3}$$

式中，$\tilde{\boldsymbol{f}}$ 为输出的灰度图像，$\mathbb{R}$ 为实数集合。

在 Color2Gray 中，定义了一个带符号的颜色距离，以反映灰度图像中彩色图像的颜色差异。对于第 i 和第 j 个像素，δ_{ij} 定义如下：

$$\delta_{ij} = \begin{cases} \Delta L_{ij}^*, & \left| \Delta L_{ij}^* \right| > \Phi_\alpha \left(\left\| \Delta \boldsymbol{C}_{ij} \right\| \right) \\ \mathrm{sign}(\Delta \boldsymbol{C}_{ij} g v_\theta) \Phi_\alpha \left(\left\| \Delta \boldsymbol{C}_{ij} \right\| \right), & \text{其他} \end{cases} \tag{4.4}$$

其中，

$$\mathrm{sign}(x) = \begin{cases} +1, & x > 0 \\ -1, & \text{其他} \end{cases} \tag{4.5}$$

$$\Phi_\alpha(x) = \alpha \tanh(x/\alpha) \qquad (4.6)$$

$$v_\theta = (\cos\theta, \sin\theta) \qquad (4.7)$$

其中，

$$\Delta L_{ij}^* = L_j^* - L_j^* \qquad (4.8)$$

$$\Delta C_{ij}^* = (\Delta a_{ij}^*, \Delta b_{ij}^*) = (a_i^* - a_j^*, b_i^* - b_j^*) \qquad (4.9)$$

$$\left\| \Delta C_{ij}^* \right\| = \sqrt{(\Delta a_{ij}^*)^2 + (\Delta b_{ij}^*)^2} \qquad (4.10)$$

式中，L^*、a^*、b^*是 CIE $L^*a^*b^*$颜色空间[15, 16]的值。式（4.6）中的 α 是一个正实数。式（4.4）中的"·"表示内积，用于控制输出灰度图像中的灰度级是增加还是减少。亮度差 ΔL_{ij}^* 和颜色差 $\Phi_\alpha\left(\left\|\Delta C_{ij}\right\|\right)$ 中较大的一个分配给带符号的颜色距离 δ_{ij}。

本节中，"全域 Color2Gray"表示考虑所有像素对的情况，"邻域 Color2Gray"表示只考虑邻域像素对的情况。

在整个 Color2Gray 中，最小化问题的解可以写成如下形式：

$$\tilde{f}_i = \left\langle L^* \right\rangle + \frac{1}{n} \sum_{j=1}^n \delta_{ij} \qquad (4.11)$$

文献[17]已经证明了这一点。$\left\langle L^* \right\rangle$表示输入图像的平均亮度。在全域 Color2 Gray 中，由于考虑了所有像素对，因此输入图像中相同的颜色变成相同的灰度级。但同时也考虑了不必要的像素对，因此，灰度图像的对比度可能会变低。

图 4.2（a）中有 6 个块，为简单起见，用 1～6 标记。由于区域 1 和区域 6 的颜色是相同的，因此考虑邻近的像素对就足够了，这些像素对分别是(1, 2)、(1, 3)、(1, 5)、(2, 3)、(2, 5)、(3, 4)和(3, 5)。然而，所有的像素对都被认为是全灰色的。图 4.2（b）中实线为需要考虑的对，虚线为不需要考虑的对。图 4.3（a）是输出图像，它由亮度分量组成。可以看到，不同的颜色（区域 2～区域 4）被转换为相同的灰度级。图 4.3（b）是整个 Color2Gray 的结果图像。虽然结果比图 4.3（a）的好，但不同颜色的灰度变得相似，区域难以区分。在邻域 Color2Gray 中，只考虑相邻的像素对。因此，在许多情况下，可以获得高对比度的图像。但是，由于没有考虑邻域范围之外的像素对，因此邻域范围之外的相同颜色可能会变成不同的灰度级。图 4.3（c）显示了邻域 Color2Gray 的结果。虽然获得了高对比度的图像，但相同的颜色（区域 1 和区域 6）变成了不同的灰度级，并且在区域 1 发生了渐变。

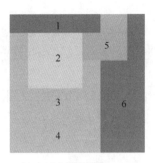

（a）原始图像

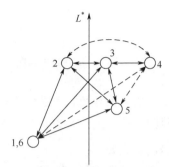

（b）Color2Gray的计算情况（实线和虚线分别表示相邻区域和非相邻区域）

图 4.2　Blocks 图像（见彩图）

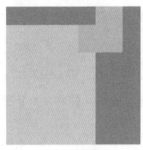

（a）亮度分量

（b）全域 Color2Gray

（c）邻域 Color2Gray

图 4.3　Blocks 图像灰度化结果

4.2　考虑颜色空间距离的彩色图像灰度化方法

在整个 Color2Gray 中，由于考虑了不必要的像素对，灰度图像的对比度有时会变低。另外，仅考虑图像空间中的邻域范围是不够的。这里通过在 Color2Gray 算法中引入考虑颜色空间距离的权重，提出了一种考虑必要像素对并反映灰度图像中颜色信息的灰度化方法。

4.2.1　方法介绍

在本节提出的方法中，将 Color2Gray 方法的目标函数修改如下：

$$E(\boldsymbol{f}) = \sum_{(i,j)\in\sigma} w_{ij}\left[(f_i - f_j) - \delta_{ij}\right]^2 \qquad (4.12)$$

其中,

$$w_{ij} = \exp\left(-\frac{(\Delta E_{ij}^*)^2}{2r^2}\right) \tag{4.13}$$

式中,w_{ij} 是新引入的权重,考虑颜色空间中的距离。r 表示 CIE L*a*b*颜色空间中的邻域范围,是一个正实数。ΔE_{ij}^* 为 CIE L*a*b*颜色空间中第 i 和第 j 个像素之间的色差,定义如下:

$$\Delta E_{ij}^* = \sqrt{(\Delta L_{ij}^*)^2 + (\Delta a_{ij}^*)^2 + (\Delta b_{ij}^*)^2} \tag{4.14}$$

通过使用权重 w_{ij} 考虑颜色空间中的距离,同时不考虑不必要的像素对,从而得到高对比度的图像。此外,由于式(4.12)中考虑了所有像素对,因此输入图像中的相同颜色会被变换为相同的灰度级。

1. 目标函数的最小化

本节采用最速下降法求解所提方法的最小化问题,得到像素 i 的 $t+1$ 次迭代结果为

$$f_i^{(t+1)} = f_i^{(t)} + m_i^{(t+1)} \tag{4.15}$$

式中,$f_i^{(t)}$ 为第 t 次迭代中第 i 个像素的灰度级,$m_i^{(t+1)}$ 为 $t+1$ 迭代中第 i 个像素的校正量。$m_i^{(t+1)}$ 的计算公式为

$$\begin{aligned}
m_i^{(t+1)} &= -\frac{1}{2N}\frac{\partial E(f^{(t)})}{\partial f_i} \\
&= -\frac{1}{N}\sum_{j=1}^{n} w_{ij}\left[(f_i^{(t)} - f_j^{(t)}) - \delta_{ij}\right] \\
&= -\frac{f_i^{(t)}}{N}\sum_{j=1}^{n} w_{ij} + \frac{1}{N}\sum_{j=1}^{n} w_{ij}f_j^{(t)} + \frac{1}{N}\sum_{j=1}^{n} w_{ij}\delta_{ij}
\end{aligned} \tag{4.16}$$

式中,N 是控制收敛的参数。$\sum_{j=1}^{n} w_{ij}$ 和 $\sum_{j=1}^{n} w_{ij}\delta_{ij}$ 是与 t 无关的常数,它们只被计算一次。

2. 加速

在本节中,描述了所提出方法的加速方法,包括 δ_{ij} 的查找表(Look-Uptable,LUT)、考虑相同颜色像素的个数、颜色量化、亮度补偿、w_{ij} 的 LUT。

在使用 w_{ij} 的 LUT 之前,有必要将每个变量转换为整数。在这里,整数是

通过使用底函数得到的。在本节中，$\lfloor x \rfloor$ 表示底函数，是不超过 x 的最大整数。w_{ij} 的 LUT 定义为

$$w'_{ij} = T_e \left\langle T_s \left(\left\lfloor (\Delta E^*_{ij})^2 \right\rfloor \right) \right\rangle \tag{4.17}$$

$$T_s(x) = \left\lfloor \sqrt{x} \right\rfloor \tag{4.18}$$

$$T_e(x) = \exp\left(-\frac{x}{2r^2} \right) \tag{4.19}$$

通过使用 $T_s(x)$ 和 $T_e(x)$ 能够降低 w_{ij} 的计算复杂度。$T_s(x)$ 和 $T_e(x)$ 分别为平方根和指数的 LUT。

对于颜色量化，将 RGB 值量化后的值定义为

$$\begin{cases} R' = \beta \left\lfloor \dfrac{R}{\beta} \right\rfloor + \dfrac{(\beta - 1)}{2} \\[2ex] G' = \beta \left\lfloor \dfrac{G}{\beta} \right\rfloor + \dfrac{(\beta - 1)}{2} \\[2ex] B' = \beta \left\lfloor \dfrac{B}{\beta} \right\rfloor + \dfrac{(\beta - 1)}{2} \end{cases} \tag{4.20}$$

式中，β 为量化宽度，为正整数。

4.2.2　评价方法

1. 相关系数[13]

为了评估输出的灰度图像，定义彩色图像和灰度图像之间的相关系数。对于像素对 (i, j)，考虑二维数据 $(\Delta E^*_{ij}, \Delta L^*_{ij})$。$\Delta L^*_{ij}$ 的定义为

$$\Delta L^*_{ij} = \left| L^*_i - L^*_j \right| \tag{4.21}$$

式中，L^* 为灰度化结果。ΔE^*_{ij} 是从相应的输入彩色图像中计算获得的。二维数据 $(\Delta E^*_{ij}, \Delta L^*_{ij})$ 的相关系数 C 的计算公式如下：

$$C = \frac{\displaystyle\sum_{i \neq j} \left(\Delta E^*_{ij} - \left\langle \Delta E^* \right\rangle \right) \left(\Delta L^*_{ij} - \left\langle \Delta L^* \right\rangle \right)}{\sqrt{\displaystyle\sum_{i \neq j} \left(\Delta E^*_{ij} - \left\langle \Delta E^* \right\rangle \right)^2} \sqrt{\displaystyle\sum_{i \neq j} \left(\Delta L^*_{ij} - \left\langle \Delta L^* \right\rangle \right)^2}} \tag{4.22}$$

式中，$\langle\Delta E^*\rangle$ 和 $\langle\Delta L^*\rangle$ 分别为 ΔE_{ij}^* 和 ΔL_{ij}^* 的平均值。当灰度图像很好地反映了原始彩色图像的颜色信息时，相关系数 C 趋近于 1。

2. Color2Gray structural similarity（C2G-SSIM）[18]

设 x 表示图像空间坐标，$f(x)$ 和 $g(x)$ 分别表示彩色图像和灰度图像。

1）亮度相似度

分别提取 $f(x)$ 和 $g(x)$ 的亮度分量 $l_f(x)$ 和 $l_g(x)$，假设信号连续，则彩色图像的加权平均亮度定义为

$$u_f(x_c) = k_p^{-1}(x_c)\int l_f(x)p(x,x_c)\mathrm{d}x \tag{4.23}$$

式中，$k_p(x_c)$ 是一个归一化项，其定义为

$$k_p(x_c) = \int p(x,x_c)\mathrm{d}x \tag{4.24}$$

计算上，当相同的接近函数应用于所有空间位置时，k_p 为常数，式（4.23）可以通过低通滤波器实现。更进一步，如果滤波器是径向对称的，$p(x,x_c)$ 仅是向量差 $x-x_c$ 的函数。

与 C2G 图像平均亮度 $u_g(x_c)$ 的定义类似。基于 $u_f(x_c)$ 和 $u_g(x_c)$ 的比较，亮度度量的定义为

$$L(x_c) = \frac{2u_f(x_c)u_g(x_c) + C_1}{u_f(x_c)^2 + u_g(x_c)^2 + C_1} \tag{4.25}$$

式中，C_1 是一个很小的正稳定常数。

2）对比相似度

对比测度 $C(x_c)$ 被定义为 $d_f(x_c)$ 和 $d_g(x_c)$ 的函数：

$$C(x_c) = \frac{2d_f(x_c)d_g(x_c) + C_2}{d_f(x_c)^2 + d_g(x_c)^2 + C_2} \tag{4.26}$$

式中，C_2 是一个小的正常数，以避免在分母接近于零时不稳定。

3）结构相似度

结构相似度的定义为

$$S(x_c) = \frac{2\sigma_{fg}(x_c) + C_3}{\sigma_f(x_c)\sigma_g(x_c) + C_3} \tag{4.27}$$

式中，C_3 是一个小的正常数。$\sigma_f(x_c)$ 和 $\sigma_g(x_c)$ 分别是 $\phi(\|f(x)-f(x_c)\|)$ 和 $\phi(\|g(x)-g(x_c)\|)$ 的标准差，$\sigma_{fg}(x_c)$ 为 $\phi(\|f(x)-f(x_c)\|)$ 和 $\phi(\|g(x)-g(x_c)\|)$ 的协方差。

4）图像质量评价

C2G-SSIM 指数的定义为

$$q(\boldsymbol{x}_c) = L(\boldsymbol{x}_c)^{\alpha} \cdot C(\boldsymbol{x}_c)^{\beta} \cdot S(\boldsymbol{x}_c)^{\gamma} \tag{4.28}$$

式中，α、β 和 γ 是控制参数，设 $\beta = \gamma = 1$。参数 α 取值范围为[0, 1]，当输入的彩色图像是拍摄图像（Photographic Images，PI）时 $\alpha = 1$，当输入图像是合成图像（Synthetic Images，SI）时 $\alpha = 0$。

4.2.3　实验及讨论

1. 实验环境

实验使用的计算机规格如下：操作系统为 Windows 7 Professional，中央处理器为英特尔酷睿 i72.80GHz，内存为 8GB。实验使用图 4.1（a）所示的 Impression、图 4.2（a）所示的 Blocks 及图 4.4 所示的 4 幅图像。表 4.1 显示了图像的大小和像素数。

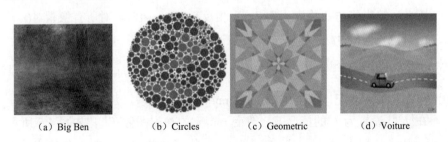

（a）Big Ben　　　　（b）Circles　　　　（c）Geometric　　　　（d）Voiture

图 4.4　实验中使用的图像（见彩图）

表 4.1　实验中使用的图像大小

图像	图像大小/像素	像素数
Big Ben	128×113	14464
Blocks	150×150	22500
Circles	130×129	16770
Geometric	130×130	16900
Impression	128×92	11776
Voiture	125×125	15625

为了简化和比较 Color2Gray 实验，本节方法和 Gooch 的 Color2Gray 方法将常用参数分别设置为相同的值。为了使暖色明亮，将 θ 设置为 $\pi/4$。α 的设置受主观感受影响较大，本节将 α 设置为 15。$\alpha=15$ 时，在很多情况下都能获得较好的结果。

将本章所提方法中经过充分迭代得到的图像命名为"极限输出图像"，并用 $f^{\dagger}$ 表示。$f^{\dagger}$ 为修正量向量 $\boldsymbol{m}^{(t)} = (m_1^{(t)}, m_2^{(t)}, ..., m_n^{(t)})$ 的 L_{∞} 范数低于阈值 ε 时的灰度级 $f^{(t)}$，$\boldsymbol{m}^{(t)}$ 的 L_{∞} 范数为 $\max_i\{|m_i^{(t)}|\}$。本节将 ε 设置为 0.001。

2. 邻域参数 r 对颜色空间的影响

这里，将 r 从 0 变为 1，以检验其对输出图像的影响。当 $r \to 0$ 和 $r \to \infty$ 时，r 的影响可以分析检验。首先，在 $r \to 0$ 的情况下，式（4.13）变为

$$w_{ij} = \begin{cases} 1, & \Delta E_{ij}^* = 0 \\ 0, & \text{其他} \end{cases} \tag{4.29}$$

由于 $m_i^{(t+1)}$ 变为 0，则式（4.16）变为

$$f_i^{(t+1)} = f_i^{(t)} \tag{4.30}$$

因此，输出值与初始值 $f_i^{(0)}$ 相同。相反，在 $r \to \infty$ 时，对所有像素对 (i, j) 而言，所有像素对的 w_{ij} 变为 1，式（4.12）变为

$$f_i^{(t+1)} = f_i^{(t)} - \frac{1}{N}\left[(f_i^{(t)} - f_j^{(t)}) - \delta_{ij}\right] \tag{4.31}$$

$f_i^{(1)}$ 与式（4.7）匹配，即全域 Color2Gray 的解。

在 $f^{(0)}$ 设置为 L^* 的情况下，改变 r 得到的输出图像 $f^{\dagger}$，如图 4.5 所示。当 r 较小时，$f^{\dagger}$ 接近 L^*，当 r 较大时，$f^{\dagger}$ 接近全域 Color2Gray 的输出。输出图像的相关系数如表 4.2 所示。可以看出，$r=30$ 时的平均相关系数优于其他情况。如图 4.5 所示，当 $r = 30$ 时输出图像很好地反映了原始彩色图像的印象。换句话说，输出图像具有较好的对比度。因此，本节将 r 设为 30。

表 4.2　r 与 $f^{\dagger}$ 有关的相关系数

图像	r				
	0	10	30	50	100
Big Ben	0.443	0.903	0.802	0.759	0.739
Blocks	0.580	0.587	0.646	0.657	0.659
Circles	0.759	0.734	0.754	0.756	0.757

续表

图像	r				
	0	10	30	50	100
Geometric	−0.050	0.825	0.840	0.827	0.814
Impression	0.525	0.942	0.836	0.811	0.801
Voiture	0.565	0.600	0.724	0.710	0.708
平均值	0.470	0.765	0.767	0.753	0.746

（a）$r \rightarrow 0$　　　　（b）$r=10$　　　　（c）$r=30$

（d）$r=10$　　　　（e）$r=10$　　　　（f）$r \rightarrow \infty$

图 4.5　本章所提方法中 r 的影响

3. 设置有关计算成本的参数

在本章提出的方法中，与计算成本相关的元素有 LUT、β、N 和初始值 $f^{(0)}$。表 4.3 和图 4.6 显示了几种加速方法的结果。

首先，通过使用输出图像之间的均方误差（MSE）来检验 LUT 的效果。表 4.3 中的 $\beta=1$ 显示了带 LUT 的 $f^{\dagger}$ 和不带 LUT 的 $f^{\dagger}$ 之间的 MSE，能够看出 MSE 非常小。因此，可以说 LUT 几乎不影响输出图像的质量。

表 4.3 加速后的 $f^\dagger$ 和加速之前的 $f^\dagger$ 之间的 MSE

图像	β			
	1	3	5	7
Big Ben	0.40	0.60	1.02	1.61
Blocks	0.45	0.76	1.28	1.76
Circles	0.25	1.36	3.02	4.54
Geometric	0.01	0.81	2.04	3.73
Impression	0.39	0.63	1.13	1.86
Voiture	0.84	1.50	2.45	4.03

（a）$\beta=1$　　　　（b）$\beta=3$　　　　（c）$\beta=5$　　　　（d）$\beta=7$

图 4.6 本节方法对 Voiture 图像进行加速的灰度化结果 $f^\dagger$

β 是颜色量化的宽度。表 4.4 显示了颜色量化后每幅图像的颜色数量。通过量化使颜色的数量变小，通过更改 β 来观察其对输出图像的影响。图 4.6 显示了加速后的输出图像。当 $\beta \leqslant 5$ 时，可以得到较好的结果。然而，如图 4.6（d）所示，当 $\beta=7$ 时，天空的渐变被破坏。对于其他图像，当 $\beta \leqslant 5$ 时，效果较好。从计算成本的角度出发，本节将 β 设为 5。

表 4.4 颜色量化后的颜色数

图像	β			
	1	3	5	7
Big Ben	13690	8339	4422	2478
Blocks	5	5	5	5
Circles	3479	980	552	363
Geometric	1415	592	360	245
Impression	10752	4419	1846	962
Voiture	4988	2247	1341	915

N 是控制收敛的参数。当 N 过大时，从式（4.13）可知，$|m|$ 变小，收敛变慢。相反，当 N 过小时，$|m|$ 变大，迭代过程可能不收敛。经验证明，当 N 为最大值时，迭代过程收敛，且速度快。在本节中，N 被设为 $\max_i \left\{ \sum_{j=1}^{n} w_{ij} \right\}$。

初始值 $f^{(0)}$ 影响迭代计数。L^* 表示由亮度分量组成的输出图像。$\tilde{f}$ 是全域 Color2Gray 的输出图像。图 4.7 为 $f^{(t)}$ 与 $f^\dagger$ 之间的 MSE，能够看出 $f^{(0)} = \tilde{f}$ 的收敛速度高于 $f^{(0)} = L^*$。如表 4.5 所示，$\tilde{f}$ 与 $f^\dagger$ 之间的 MSE 小于 L^* 与 $f^\dagger$ 之间的 MSE。因此当 $f^{(0)}$ 设为 $\tilde{f}$ 时，收敛速度很快。在本节中，设 $f^{(0)}$ 为 $\tilde{f}$。τ 表示迭代计数。如图 4.7 所示，当 $\tau=15$ 时，MSE 足够小。本研究中，将停止迭代的次数 τ 设置为 15 次。

表 4.6 显示了当 $\tau = 15$ 时，本节方法的计算时间。能够看出，β 变大时，计算时间就变少了。在本节方法中，当 β 设置为 5 时，每幅图像的计算次数足够短，实现了有效的加速。

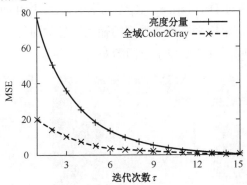

图 4.7　Voiture 图像的 $f^{(t)}$ 与 $f^\dagger$ 之间的 MSE

表 4.5　各方法的结果图像和 $f^\dagger$ 之间的 MSE

图像	方法	
	亮度分量	全域 Color2Gray
Big Ben	311.3	26.7
Blocks	173.8	20.7
Circles	241.1	14.9
Geometric	1055.9	109.5
Impression	116.2	4.2
Voiture	206.8	47.6

表 4.6　本节方法的计算时间（τ=15s）

图像	β			
	1	3	5	7
Big Ben	35.05	13.06	3.71	1.23
Blocks	0.06	0.06	0.06	0.06
Circles	2.46	0.22	0.09	0.06
Geometric	0.45	0.09	0.06	0.03
Impression	21.14	3.63	0.70	0.24
Voiture	4.73	1.04	0.42	0.23

4. 对比试验

通过对比实验对本节所提方法的有效性进行验证。采用的对比方法有提取亮度分量、全域 Color2Gray、邻域 Color2Gray、Decolorize 和 Kim 的方法。Kim 的方法被称为非线性全局映射（NGM）。

图 4.8 所示为通过 Decolorize、NGM 和本节方法对 Blocks 图像进行灰度化的结果。可以看出，采用本节方法得到的输出图像的对比度优于其他图像。在图 4.8（c）中，相同的颜色变成了相同的灰度级。

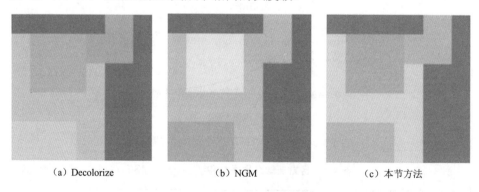

（a）Decolorize　　　　　　　（b）NGM　　　　　　　（c）本节方法

图 4.8　Blocks 图像的灰度化结果

图 4.9 所示为 Big Ben 图像的灰度化结果。从图 4.9（a）所示的亮度分量图像来看，Big Ben 和水波很难区分。在全域 Color2Gray、邻域 Color2Gray、Decolorize 和本节方法获得的图像中，Big Ben 和水波很容易被观察到。在 NGM 得到的输出图像中，虽然提高了波浪的可见度，但 Big Ben 没有得到足够的增强。

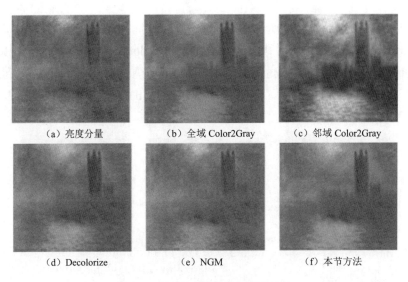

（a）亮度分量　　　　　　　（b）全域 Color2Gray　　　　　（c）邻域 Color2Gray

（d）Decolorize　　　　　　　（e）NGM　　　　　　　　　（f）本节方法

图 4.9　Big Ben 图像的灰度化结果

在图 4.10 所示的 Circles 图像结果中，亮度分量和 NGM 得到的输出图像中无法区分数字 2 和 5。NGM 转换该图像失败的原因是：NGM 只考虑输入图像中相邻的颜色对。在圆圈图像中，因为绿色和蓝色被白色隔开，所以不考虑绿色和蓝色的颜色对。尽管其他方法生成的图像对比度较低，但也在一定程度上反映了输入图像中的颜色信息。

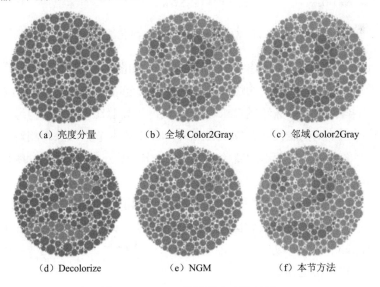

（a）亮度分量　　　　　　　（b）全域 Color2Gray　　　　　（c）邻域 Color2Gray

（d）Decolorize　　　　　　　（e）NGM　　　　　　　　　（f）本节方法

图 4.10　Circles 图像的灰度化结果

图 4.11 所示为 Geometric 图像结果。可以看出：通过亮度分量、Decolorize和 NGM 获得的灰度图像对比度较低。在邻域 Color2Gray 获得的输出图像中，输入图像的均匀灰度值生成了渐变。本节方法和全域 Color2Gray 方法得到的图像都反映了输入图像的印象。特别是，与图 4.11（b）相比，图 4.11（f）在颜色（灰度）变化方面更胜一筹。

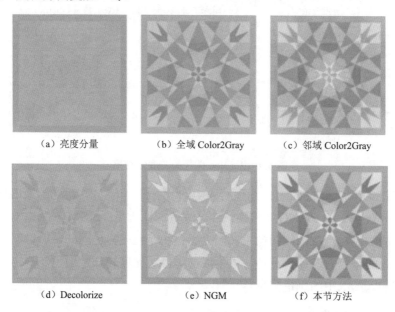

（a）亮度分量　　　　　（b）全域 Color2Gray　　　　（c）邻域 Color2Gray

（d）Decolorize　　　　　（e）NGM　　　　　　（f）本节方法

图 4.11　Geometric 图像的灰度化结果

Voiture 图像的灰度化结果如图 4.12 所示。如图 4.12（a）所示，在亮度分量中，黄绿草地与青山之间的边界难以区分。在全域 Color2Gray 的结果中，云的渐变是不自然的。虽然邻域 Color2Gray 获得了高对比度图像，但道路两侧的草地被转换为不同的灰度级。Decolorize、NGM 和本节方法获得相对较好的图像。在这些图像中，从草地的黄色和黄绿色对比来看，图 4.12（f）明显优于其他图像。

表 4.7 显示了每种方法的相关系数 C_cC 的平均值和标准差如图 4.13 所示。柱状图表示平均值，误差柱状图表示标准差。可以看出，本节方法的平均值优于其他方法。此外，本节方法的标准差在图 4.13 中倒数第二低。这些结果表明，本节方法是相对稳定的。

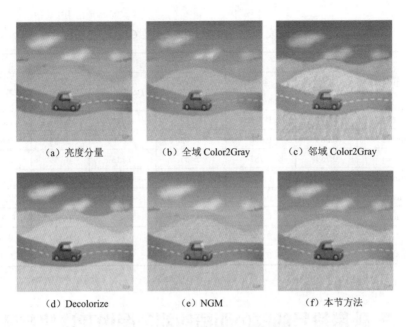

（a）亮度分量　　　　　（b）全域 Color2Gray　　　　（c）邻域 Color2Gray

（d）Decolorize　　　　　（e）NGM　　　　　（f）本节方法

图 4.12　Voiture 图像的灰度化结果

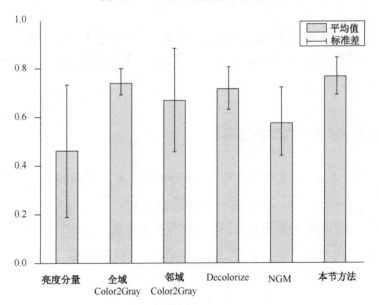

图 4.13　各方法输出图像相关系数的平均值和标准差

表 4.7　各方法的相关系数 C

图像	方法					
	亮度分量	全域 Color2Gray	邻域 Color2Gray	Decolorize	NGM	本节方法
Big Ben	0.391	0.733	0.872	0.672	0.509	0.802
Blocks	0.584	0.660	0.505	0.660	0.644	0.646
Circles	0.759	0.757	0.405	0.833	0.759	0.754
Geometric	−0.031	0.806	0.535	0.640	0.342	0.840
Impression	0.511	0.798	0.890	0.675	0.609	0.836
Voiture	0.562	0.707	0.814	0.825	0.612	0.724
平均值	0.463	0.744	0.670	0.717	0.579	0.767
标准差	0.270	0.056	0.212	0.087	0.141	0.075

4.3　一种带符号的颜色距离的彩色图像灰度化方法

本节提出了一种新的带符号的颜色距离，并将其引入 4.2 节的方法中。新的带符号的颜色距离适用于将输入彩色图像中的渐变和详细的颜色变化反映到输出灰度图像中。

4.3.1　带符号的颜色距离

第 i 个像素和第 j 个像素之间的带符号的颜色距离 δ'_{ij} 被定义为

$$\delta'_{ij} = \Delta L^*_{ij} + \Phi_\alpha(\Delta \hat{a}^*_{ij} + \Delta \hat{b}^*_{ij}) \tag{4.32}$$

式中，α 是控制颜色对输出灰度图像反射程度的参数，是一个正实数。$\Delta \hat{a}^*_{ij}$ 和 $\Delta \hat{b}^*_{ij}$ 分别是 $\Delta \hat{a}^*_{ij} = \Delta \hat{a}^*_i - \Delta \hat{a}^*_j$ 和 $\Delta \hat{b}^*_{ij} = \Delta \hat{b}^*_i - \Delta \hat{b}^*_j$。$\hat{a}^*_i$ 和 $\hat{b}^*_j$ 可得

$$\begin{pmatrix} \hat{a}^*_i \\ \hat{b}^*_i \end{pmatrix} = \begin{pmatrix} \cos\theta & -\sin\theta \\ \cos\theta & \cos\theta \end{pmatrix} \begin{pmatrix} a^*_i \\ b^*_i \end{pmatrix} \tag{4.33}$$

式中，θ 是一个参数，它控制输入图像中哪些颜色在灰度化变换中变得更亮。

在式（4.32）中定义的 δ'_{ij} 在 ΔL^*_{ij} 和 ΔC_{ij} 之间采用一个优势分量。当后者为

优势分量时，其符号由符号 $\text{sign}(\Delta \boldsymbol{C}_{ij} \cdot v_\theta)$ 确定，这些有时会引起渐变中 δ_{ij} 的不连续变化；而式（4.32）中确定的 δ'_{ij} 不会造成这种不连续变化。本节提出的带符号的颜色距离在连续性方面的有效性将在 4.3.2 节用实验来验证。此外，δ_{ij} 同时使用亮度和色度分量，但 δ'_{ij} 采用显性分量，δ'_{ij} 更能反映详细的颜色变化。

4.3.2　实验及讨论

在实验中，采用亮度分量 L^*、Gooch 等人的方法、Lu 等人的方法和 4.2 节的方法作为比较方法，各方法的参数设置如表 4.8 所示，表中 Ω 表示考虑输入图像中的所有像素对。将 Gooch 等人的方法、4.2 节方法及本节方法中的 θ 设置为使输入图像中的暖色变亮的角度。在最速下降法中，τ 是迭代次数的阈值。之前的方法和本节方法都有 N 和 $f^{(0)}$，根据文献[9]将输入图像中的 $\max_i \left\{ \sum_{j=1}^{n} w_{ij} \right\}$ 和亮度分量分别赋值为 N 和 $f^{(0)}$。

表 4.8　各方法的参数设置

方法	参数设置
Gooch 等人的方法	$(\alpha, \theta, \mu) = (15, \pi/4, \Omega)$
Lu 等人的方法	$(k_{\max}, n) = (15, 2)$
4.2 节方法	$(\alpha, \beta, \theta, r, \tau) = (15, 1, \pi/4, 30, 15)$
本节方法	$(\alpha, \beta, \theta, r, \tau) = (15, 1, 0, 30, 15)$

这里考虑图 4.14（a）所示的渐变图像。图 4.14（b）～图 4.14（d）分别是亮度分量、Gooch 等人的方法和本节方法得到的灰度化结果。图 4.14（c）中渐变不连续的原因如下：

（a）输入图像　　　　　　　　（b）亮度分量　　　　　　　（c）Gooch 等人的方法

图 4.14　Gradation 图像的实验结果

（d）本节方法　　　　　　　（e）δ 分布　　　　　　　（f）δ' 分布

图 4.14　Gradation 图像的实验结果（续）

这里，j 被固定为一个环绕灰度像素。图 4.14（f）是由式（4.32）使用 δ'_{ij} 得到的。表 4.9 所示为图 4.14（a）中具有代表性的 L^*、a^*、b^* 值。关于 b^* 的颜色，符号 $(\cdot)$ 是 -1，因为 θ 被设置为 $\pi/4$。同样，符号 $(\cdot)$ 对于红色是 $+1$。另外，$\Phi\left(\left\|\Delta C_{ij}\right\|\right)$ 近似等于 a^*，因为蓝色/红色和灰色的 $\left\|\Delta C_{ij}\right\|$ 足够大。这些情况会导致 δ 的不连续分布，并反映在如图 4.14（c）所示的输出灰度图像中。另外，δ' 给出了如图 4.14（f）所示的逐级连续分布。

表 4.9　Gradation 图像的颜色

颜色	L^*	a^*	b^*
灰色	60.7	0.0	0.0
蓝色	60.9	3.3	−37.1
红色	59.3	60.6	40.9

首先，采用图 4.15（a）所示的 Impression 图像。亮度分量不能反映颜色信息。在图 4.15（b）中无法区分太阳及其在水中的反射。其他灰度化方法反映的是这些部分的颜色信息，如图 4.15（c）～图 4.15（f）所示。从对颜色信息细节的反映程度来看，本节方法优于其他方法。例如，图 4.15（f）很好地表达了晨光的详细颜色变化，梯度图像也证实了这一点。

Geometric 图像的结果如图 4.16 所示，在亮度分量中很难区分图案。虽然在 Gooch 等人的方法和 4.2 节方法得到的结果图像中可以区分出图案，但这些图像的对比度都很低。Lu 等人的方法产生的高对比度灰度图像如图 4.16（d）所示。由于图 4.16（a）中相对明亮的橙色区域被转换成黑色，因此它并不能很好地反映输入图像的印象。本节方法得到的灰度图像质量较好。

为检验本节方法的最佳性能，上述实验均在不加速的情况下进行，即将 β 设为 1。β 为降低计算成本的颜色量化参数，为整数。当 β 大于 1 时，实现加速度。这里采用了 4.3 节中的所有加速方法。

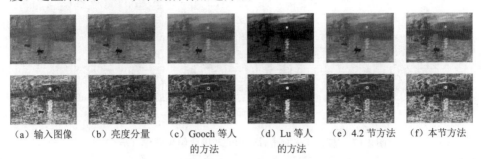

（a）输入图像　（b）亮度分量　（c）Gooch 等人　（d）Lu 等人　（e）4.2 节方法　（f）本节方法
　　　　　　　　　　　　　　　的方法　　　　的方法

图 4.15　Impression 图像的灰度化结果图像及梯度图像（见彩图）

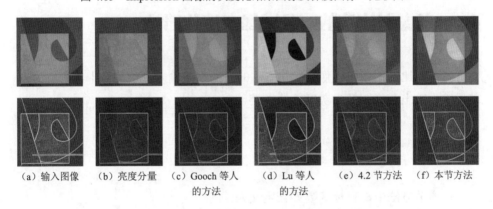

（a）输入图像　（b）亮度分量　（c）Gooch 等人　（d）Lu 等人　（e）4.2 节方法　（f）本节方法
　　　　　　　　　　　　　　　的方法　　　　的方法

图 4.16　Geometric 图像的灰度化结果图像及梯度图像（见彩图）

表 4.10 所示为本节方法得到的图像大小、颜色数量和计算时间。本实验使用的计算机环境如下：操作系统为 Windows 7 Professional。中央处理器为 Intel R CoreTMi7-3770 3.4GHz。主存 8GB。结果图像的质量和计算时间是均衡的。在本实验中，将 β 设为 5。图 4.17 所示为加速方法得到的灰度化结果。这些图像与图 4.14（d）、图 4.15（f）和图 4.16（f）非常相似。

表 4.10　本节方法得到的图像大小、颜色数量和计算时间

图像	图像大小	颜色数量		计算时间/s	
		$\beta=1$	$\beta=5$	$\beta=1$	$\beta=5$
Gradation	200×112	909	153	0.08	0.05
Impression	312×225	29032	3796	44.3	0.89
Geometric	389×390	16934	2756	15.6	0.70

（a）Gradation　　　　　　（b）Impression　　　　　　（c）Geometric

图 4.17　本节方法加速后得到的灰度化结果图像（β=5）

4.4　考虑对比度的彩色图像灰度化方法

考虑对比度的彩色图像灰度化方法的目的是将输入彩色图像中像素值的方差反映为输出灰度图像中灰度级的方差。

4.4.1　方法介绍

在本节方法中，目标函数 E 被定义为

$$E(a_1, a_2, a_3) - \sum_{i=1}^{n} \left[v_{g,i} - \Phi_\beta(v_{c,i}) \right]^2 \tag{4.34}$$

其中

$$v_{g,i} = \frac{1}{m} \sum_{j \in \kappa_{i,\sigma}} \left(f_j - \langle f_i \rangle \right)^2 \tag{4.35}$$

$$v_{c,i} = \frac{1}{m} \sum_{j \in \kappa_{i,\sigma}} \left[\left(L_j^* - \langle L_i^* \rangle \right)^2 + \left(a_j^* - \langle a_i^* \rangle \right)^2 + \left(b_j^* - \langle b_i^* \rangle \right)^2 \right] \tag{4.36}$$

$$\Phi_\beta = \beta \tanh\left(\frac{x}{\beta} \right) \tag{4.37}$$

式中，β 是控制输入彩色图像在色灰转换中对方差的考虑程度的参数，是一个正实数。式（4.34）中的 n 为输入彩色图像的像素数。式（4.35）中的 f_i 为灰度图像中第 i 个像素的灰度级，其定义为

$$f_i = a_1 R_i + a_2 G_i + a_3 B_i \qquad (4.38)$$

式中，a_1、a_2、a_3 分别是 R_i、G_i、B_i 分量的投影系数。其中，$v_{g,i}$ 和 $v_{c,i}$ 分别表示输出灰度图像和输入彩色图像像素值的方差。$\kappa_{i,\sigma}$ 表示采用正态分布随机选取的像素集合，其中心为第 i 个像元，标准差为 σ。m 为 $\kappa_{i,\sigma}$ 中包含的元素个数。L^*、a^*、b^* 是 CIE 1976 L*a*b*颜色空间中的值。$\left\langle L_i^* \right\rangle$ 表示满足 $j \in \kappa_{i,\sigma}$ 的 L_j^* 的平均值。

在本节方法中，用 $\{a_1, a_2, a_3\}$ 获得输出灰度值 $\tilde{f}_i$。最小化问题被定义为

$$\{\tilde{a}_1, \tilde{a}_2, \tilde{a}_3\} = \arg \min_{(a_1, a_2, a_3) \in \mathbb{R}^3} E(a_1, a_2, a_3) \qquad (4.39)$$

本节采用最速下降法进行最小化，得到第 k 个系数 $a_k^{(t+1)}$ 的$(t+1)$次迭代为

$$a_k^{(t+1)} = a_k^{(t)} + \eta_k^{(t+1)} \qquad (4.40)$$

式中，$\eta_k^{(t+1)}$ 为修正量，计算公式为

$$
\begin{aligned}
\eta_k^{(t+1)} &= -\frac{1}{4N} \frac{\partial E(a_1^{(t)}, a_1^{(t)}, a_1^{(t)})}{\partial a_k^{(t)}} \\
&= -\frac{1}{N} \sum_{i=1}^{n} \left[\frac{1}{m} \sum_{j \in \kappa_{i,\sigma}} \left(f_j^{(t)} - \left\langle f_i^{(t)} \right\rangle \right)^2 - \Phi_\beta(v_{c,i}) \right] \times \\
&\quad \frac{1}{m} \sum_{j \in \kappa_{i,\sigma}} \left(f_j^{(t)} - \left\langle f_i^{(t)} \right\rangle \right) \left(X_j^{[k]} - \left\langle X_i^{[k]} \right\rangle \right)
\end{aligned}
\qquad (4.41)
$$

归一化投影系数校正量 $\omega^{(t+1)}$ 的定义为

$$\omega^{(t+1)} = \sum_{k=1}^{3} \left| \hat{a}_k^{(t+1)} - \hat{a}_k^{(t)} \right| \qquad (4.42)$$

式中，$\hat{a}_k^{(t)}$ 为归一化系数，其定义为

$$\hat{a}_k^{(t)} = \frac{a_k^{(t)}}{\displaystyle\sum_{l=1}^{3} a_l^{(t)}} \qquad (4.43)$$

当 $\omega^{(t+1)}$ 小于 ε 时，迭代过程停止，将 $\hat{a}_k^{(t+1)}$ 视为 $\tilde{a}_k$。ε 是一个参数，是极小的正实数。通过式（4.43）进行归一化的目的是使系数之和为 1。这意味着，在本节方法中，输入图像中的黑色和白色被变换为输出图像中的黑色和白色。当 $\omega^{(t+1)}$ 大于或等于 ε 时，将归一化的 $\hat{a}_k^{(t+1)}$ 赋值给 $a_k^{(t+1)}$，进行下一次迭代。

4.4.2　实验及讨论

实验中使用的是 C2G IQA 数据库[19]，该数据库由 Čadík 创建，该数据库包括 24 幅图像。另外，采用色灰结构相似度指数（C2G SSIM）作为客观评价指标。C2G-SSIM 评估输入彩色图像和输出灰度图像之间的亮度、对比度和结构相似性。在 C2G-SSIM 下，将 C2G IQA 数据库中的 24 幅图像分为摄影图像（PI）和合成图像（SI），图像分类结果如表 4.11 所示。C2G-SSIM 有一个参数 α。如表 4.11 所示，C2G-SSIM 中的 α 值随图像类别的不同而变化。C2G-SSIM 的最终评价值为[0, 1]。评价值越大，表示输出的灰度图像越好。

表 4.11　C2G IQA 中的图像分类

分类	α	图像编号						
PI	1	1	3	4	9	10	12	13
		14	15	16	19	22	23	24
SI	0	2	5	6	7	8	11	17
		18	20	21				

本节提出方法有 8 个参数，分别是 β、σ、m、$a_1^{(0)}$、$a_2^{(0)}$、$a_3^{(0)}$、N 和 ε。

β、σ 和 m 与（方差）的计算有关。在本实验中，β 设为 4000。如果 σ 的值太大，则每个像素点的选择概率是相同的，也就失去了其意义。在本实验中，σ 设为 2，即主要考虑邻域像素。如果 m 太大，计算成本就会增加。相反，如果 m 太小，则不能很好地计算方差。因此，本实验设 m 为 10。

$a_1^{(0)}$、$a_2^{(0)}$、$a_3^{(0)}$ 为投影系数的初始值。由于在多数情况下使用亮度分量可以获得较好的灰度图像，因此将 $a_1^{(0)}$、$a_2^{(0)}$、$a_3^{(0)}$ 分别设置为 0.2126、0.7152、0.0722。

N 和 ε 控制收敛性。如果 N 的值过大，则收敛速度变慢。如果 N 的值太小，迭代过程可能不收敛。经验证实，当 N 为像素总数 n 时，迭代过程能够收敛，收敛速度快。本实验中，N 设为 n，ε 设为 0.01。

图 4.18 和图 4.19 显示了图像 20 的迭代过程。随着迭代的进行，系数的值会发生变化。增加迭代次数 t，输出的灰度图像（太阳和天空的对比度）变得更好。图 4.19 的 C2G-SSIM 值如表 4.12 所示。

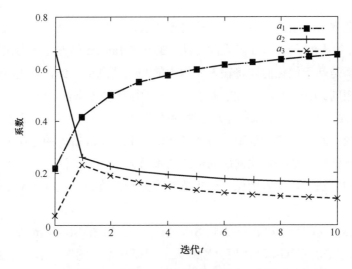

图 4.18 图像 20 的第 t 次迭代中 a_k 的值

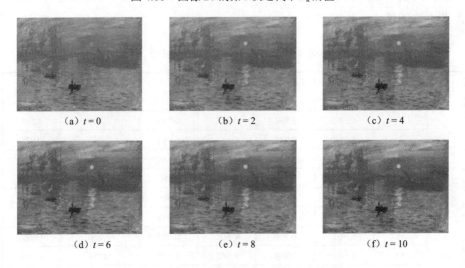

(a) $t = 0$ (b) $t = 2$ (c) $t = 4$

(d) $t = 6$ (e) $t = 8$ (f) $t = 10$

图 4.19 图像 20 在第 t 次迭代中的灰度化结果

表 4.12 图 4.19 的 C2G-SSIM 值

迭代次数 t	0	2	4	6	8	10
C2G-SSIM	0.884	0.900	0.906	0.909	0.911	0.913

为验证本节方法的有效性，进行对比实验。采用亮度分量、Gooch 等人的方法、Kim 等人的方法、Lu 等人的方法、Bao 和 Tanaka 的方法作为比较方法。这些方法都是基于优化问题将输入图像中的颜色信息反映到输出灰度图像，与本节方法相同。Gooch 等人的方法是该研究领域的基本方法。Lu 等人的方法及 Bao 和 Tanaka 方法是 Gooch 等人方法的改进方法。此外，Lu 等人的方法使用了输入图像中颜色分量的投影，与本节方法类似。Kim 等人的方法使用三角函数的投影，他们方法的优化问题的形式与本节方法相似。注意，在本节方法和 Kim 等人的方法中，输入图像中像素值的方差和梯度分别反映到输出的灰度图像中。

表 4.13 所示为各方法的 C2G-SSIM 值。对于 PI 和 SI，Kim 等人的方法和 Lu 等人的方法的 C2G-SSIM 值分别最大。但纵观整个图像，本节方法的 C2G-SSIM 平均值是最好的，该方法对各种图像（PI 和 SI 图像）都是稳定的，这是本节方法的优点。

表 4.13　各方法的 C2G-SSIM 值

分类	编号	亮度分量	Gooch 等人的方法	Kim 等人的方法	Lu 等人的方法	Bao 和 Tanaka 的方法	本节方法
PI	1	0.902	0.890	0.903	0.737	0.823	0.895
	3	0.980	0.971	0.980	0.975	0.955	0.978
	4	0.935	0.931	0.936	0.868	0.904	0.913
	9	0.754	0.740	0.765	0.683	0.680	0.732
	10	0.917	0.901	0.917	0.906	0.879	0.915
	12	0.937	0.920	0.941	0.938	0.894	0.934
	13	0.801	0.790	0.802	0.709	0.776	0.792
	14	0.967	0.958	0.968	0.923	0.937	0.966
	15	0.875	0.845	0.876	0.892	0.806	0.878
	16	0.947	0.937	0.948	0.902	0.928	0.938
	19	0.876	0.865	0.881	0.740	0.824	0.870
	22	0.777	0.780	0.786	0.854	0.777	0.746
	23	0.842	0.802	0.845	0.865	0.708	0.823
	24	0.969	0.961	0.971	0.932	0.927	0.964
	平均值	0.891	0.878	0.894	0.852	0.844	0.882

续表

分类	编号	亮度分量	Gooch 等人的方法	Kim 等人的方法	Lu 等人的方法	Bao 和 Tanaka 的方法	本节方法
SI	2	0.989	0.985	0.991	0.996	0.982	0.996
	5	0.943	0.939	0.945	0.946	0.940	0.943
	6	0.936	0.939	0.938	0.976	0.957	0.939
	7	0.780	0.810	0.823	0.934	0.828	0.913
	8	0.853	0.892	0.877	0.964	0.912	0.948
	11	0.851	0.917	0.883	0.984	0.951	0.954
	17	0.957	0.981	0.981	0.994	0.988	0.979
	18	0.830	0.819	0.832	0.761	0.812	0.791
	20	0.884	0.880	0.886	0.925	0.907	0.913
	21	0.977	0.979	0.985	0.971	0.955	0.976
	平均值	0.900	0.914	0.914	0.945	0.923	0.935
PI 和 SI 的总平均值		0.895	0.893	0.903	0.891	0.877	0.904

　　图 4.20 所示为每种方法获得的灰度化结果。图 4.20（a）为亮度分量得到的结果。虽然 PI 得到了很好的结果，但 SI 的灰度图像并没有很好地反映原彩色图像的颜色差异。特别是，在图像 11 和图像 20 上该方法效果不理想。图 4.20（b）为 Gooch 等人的方法得到的结果。虽然基本上得到了良好的灰度图像，但有时输出的图像并不精细，如图 4.20（b2）所示，字符"R"很难被区分。Kim 等人方法的结果如图 4.20（c）所示。该方法在 PI 图像上取得了良好的效果。但有时颜色的差异没有得到适当的反映，如图 4.20（c4）所示，在灰度图像中难以区分太阳。图 4.20（d）所示为 Lu 等人方法的结果。虽然输入图像的色彩差异反映为灰度图像，但图像对比度普遍过高，不能说是好的图像。Bao 和 Tanaka 方法的结果如图 4.20（e）所示。虽然图 4.20（e3）和图 4.20（e4）在对比度方面较好，但图 4.20（e1）、图 4.20（e2）和图 4.20（e5）效果都不太好。图 4.20（f）是本节提出方法的结果。虽然图 4.20（f3）的对比度可能略高，但其他图像的灰度化结果都很好。可以说，本节方法具有良好的鲁棒性。

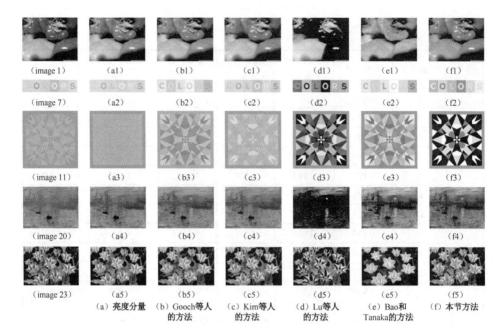

（image 1）	（a1）	（b1）	（c1）	（d1）	（e1）	（f1）
（image 7）	（a2）	（b2）	（c2）	（d2）	（e2）	（f2）
（image 11）	（a3）	（b3）	（c3）	（d3）	（e3）	（f3）
（image 20）	（a4）	（b4）	（c4）	（d4）	（e4）	（f4）
（image 23）	（a5）	（b5）	（c5）	（d5）	（e5）	（f5）
	（a）亮度分量	（b）Gooch等人的方法	（c）Kim等人的方法	（d）Lu等人的方法	（e）Bao和Tanaka的方法	（f）本节方法

图 4.20　各方法得到的实验结果（见彩图）

4.5　本章小结

本章主要介绍了彩色图像灰度化相关的基本理论知识，针对彩色图像灰度化问题给出了 3 个灰度化方法。

首先，在 Color2Gray 算法中引入考虑颜色空间距离的权值，提出了一种新的彩色图像灰度化方法。结果表明，该方法可以在较短的时间内进行加速度检测。该方法得到的输出图像对比度较好。换句话说，使用该方法可以将输入图像中的颜色信息适当地反映在单色图像中。通过部分图像的实验验证了该方法的有效性。

其次，提出了一种新的带符号的颜色距离并将其用于彩色图像灰度化中。引入带符号的颜色距离的方法适合于在灰度化中反映输入彩色图像的渐变和详细的颜色变化。这一特征通过实验得到了证实。

最后，提出了一种基于颜色分量投影的色灰转换新方法。在该方法中，定义了一个考虑输入图像颜色对比度的目标函数。通过最小化目标函数来确定投影系数的值。通过不同图像的实验，验证了该方法的有效性。

本章参考文献

[1]　BALA R, BRAUN K. Color-to-grayscale conversion to maintain discriminability[C]. Proceedings of the Color Imaging Ⅸ: Processing, Hardcopy, and Applications, 2003: 196-202.

[2]　RASCHE K, GEIST R, WESTALL J. Detail preserving reproduction of color images for monochromats and dichromats[J]. IEEE Computer Graphics and Applications, 2005, 25(3): 22-30.

[3]　GOOCH A A, OLSEN S C, TUMBLIN J, et al. Color2Gray: Salience-preserving color removal[J]. ACM Transactions on Graphics, 2005, 24(3): 634-639.

[4]　RASCHE K. Re-coloring images for gamuts of lower dimension[M]. Clemson: Clemson University, 2005.

[5]　GRUNDLAND M, DODGSON N A. Decolorize: Fast, contrast enhancing, color to grayscale conversion[J]. Pattern Recognition, 2007, 40(11): 2891-2896.

[6]　NEUMANN L, CADIK M, NEMCSICS A. An efficient perception-based adaptive color to gray transformation[C]. Proceedings of the Proceedings of the Third Eurographics Conference on Computational Aesthetics in Graphics, Visualization and Imaging, 2007: 73-80.

[7]　KUHN G R, OLIVEIRA M M, FERNANDES L A. An improved contrast enhancing approach for color-to-grayscale mappings[J]. The Visual Computer, 2008, 24: 505-514.

[8]　SMITH K, LANDES P E, THOLLOT J, et al. Apparent greyscale: A simple and fast conversion to perceptually accurate images and video[C]. Proceedings of the Computer Graphics Forum, 2008: 193-200.

[9]　KIM Y, JANG C, DEMOUTH J, et al. Robust color-to-gray via nonlinear global mapping[C]. Proceedings of the ACM SIGGRAPH Asia 2009 Papers, 2009: 1-4.

[10]　SONG M, TAO D, CHEN C, et al. Color to gray: Visual cue preservation[J]. IEEE Transactions on Pattern Analysis and Machine Intelligence, 2010, 32(9): 1537-1552.

[11] LU C, XU L, JIA J. Real-time contrast preserving decolorization[C]. Proceedings of the SIGGRAPH Asia 2012 Technical Briefs, 2012: 1-4.

[12] WU J, SHEN X, LIU L. Interactive two-scale color-to-gray[J]. The Visual Computer, 2012, 28: 723-731.

[13] BAO S, TANAKA G. Color removal method of considering distance in color space[J]. Optical Review, 2014, 21: 127-134.

[14] BAO S, TANAKA G. Proposal of new signed color distance for color-to-gray conversion[J]. IEICE Transactions on Fundamentals of Electronics, Communications and Computer Sciences, 2015, 98(2): 796-800.

[15] JAIN A K. Fundamentals of digital image processing [M]. Upper Saddle River: Prentice-Hall, Inc, 1989.

[16] WYSZECKI G, STILES W S. Color science: Concepts and methods, quantitative data and formulae [M]. New York: John Wiley & Sons, 2000.

[17] TANAKA G, SUETAKE N, UCHINO E. Derivation of the analytical solution of Color2Gray algorithm and its application to fast color removal based on color quantization[J]. Optical Review, 2009, 16: 601-612.

[18] MA K, ZHAO T, ZENG K, et al. Objective quality assessment for color-to-gray image conversion[J]. IEEE Transactions on Image Processing, 2015, 24(12): 4673-4685.

[19] CADIK M. Perceptual evaluation of color-to-grayscale image conversions[C]. Proceedings of the Computer Graphics Forum, 2008: 1745-1754.

第 5 章

基于线性结构特征的脉冲噪声滤波方法

在图像信号的传送或获取过程中，因为受到外部因素的干扰而产生噪声，使得图像的质量受到影响。噪声会对后续的图像处理、特征识别等环节带来负面的影响。噪声根据其产生的因素可以分为随机噪声和系统噪声。随机噪声是指由照片胶片的粒状性和光子的波动等引起的、随机产生的噪声。随机噪声有高斯噪声、白色噪声、脉冲噪声等。系统噪声是指由于图像输入装置的构造或特性而产生的噪声。本章中的研究对象为脉冲噪声，即椒盐噪声。

5.1 基本理论知识

在以往的研究中，研究人员提出了很多针对灰度图像中脉冲噪声的滤波方法[1-20]。Sun 等人首次将噪声去除过程分为噪声检测和滤波两个步骤[2]。首先，通过噪声检测方法将噪声像素检出做成噪声地图[6, 18]。其次，利用滤波方法对噪声像素进行滤波处理。检测方法的好坏影响噪声能否被正确检出。经典的脉冲噪声检测方法有边界判别噪声检测器（Boundary Discriminative Noise Detection，BDND）[6]。BDND 能够将大部分的噪声像素检出，并且几乎没有漏检。滤波方法的好坏直接影响去噪后图像画质的优劣。画质优劣的评价方法有 PSNR 和 SSIM（Structural Similarity）。

5.1.1 噪声模型

本节使用噪声模型对原始图像加椒盐噪声。噪声图像中像素值 $x(i,j)$ 被定义为

$$x(i,j) = \begin{cases} 0, & p/2 \\ s(i,j), & 1-p \\ 255, & p/2 \end{cases} \qquad (5.1)$$

式中，(i,j) 代表坐标，s 代表原始信号，p 表示噪声概率密度。

5.1.2 噪声检测

边界判别噪声检测器（Boundary Discriminative Noise Detection，BDND）常

被用于脉冲噪声检测。BDND 的边界判别过程由两个迭代组成。在第 1 次迭代中,使用 21×21 局部窗口来检查所考虑的像素是否未损坏。当像素被判别为噪声像素时调用第 2 次迭代,第二次迭代使用 3×3 窗口。BDND 的步骤如下:

步骤 1:以当前像素为中心关注 21×21 窗口内像素。

步骤 2:将窗口中的像素按像素值的升序排序,并找到排序向量 V_0 的中值 med。

步骤 3:计算每对相邻像素在排序向量 V_0 上的像素值差,得到差向量 V_D。

步骤 4:找出 V_0 中 0 到 med 之间对应的 V_0 的最大像素值差,并将其对应的像素标记为边界 b_1。

步骤 5:同样,在 med 和 255 之间找到另一个边界 b_2;这样就形成了 3 组像素。

步骤 6:如果中心像素属于中间的组,则将其分类为"非噪声"像素,分类过程停止;否则,将跳至步骤 7。

步骤 7:以目标像素为中心将窗口改为 3×3,重复步骤 2～步骤 5。

步骤 8:如果所考虑的像素属于中间的组,则将其分类为"非噪声"像素;否则,将其分类为"噪声"像素。

5.1.3 评价方法

1. PSNR

对于滤波方法,常使用 PSNR 来量化滤波操作的性能评估,其公式为

$$PSNR = 10\lg\left(\frac{255^2}{MSE}\right) \tag{5.2}$$

其中,

$$MSE = \frac{1}{MN}\sum_{i=1}^{M}\sum_{j=1}^{N}(y_{ij} - s_{ij})^2 \tag{5.3}$$

式中,M 和 N 为图像的宽和高,s_{ij} 和 y_{ij} 分别表示原始图像和滤波后的图像像素。

2. SSIM[21]

SSIM(Structural Similarity)常被用于两幅图像的相似性评价。SSIM 由式(5.4)～式(5.6)的计算获得,即

$$l(x,y) = \frac{2\mu_x\mu_y + C_1}{\mu_x^2 + \mu_y^2 + C_1} \tag{5.4}$$

$$c(x,y) = \frac{2\sigma_x\sigma_y + C_2}{\sigma_x^2 + \sigma_y^2 + C_2} \tag{5.5}$$

$$s(x,y) = \frac{2\sigma_{xy} + C_3}{2\sigma_x\sigma_y + C_3} \tag{5.6}$$

其中，

$$\mu_x = \frac{1}{N}\sum_{i=1}^{N} x_i \tag{5.7}$$

$$\sigma_x = \sqrt{\frac{1}{N-1}\sum_{i=1}^{N}(x_i - \mu_x)^2} \tag{5.8}$$

$$\sigma_{xy} = \frac{1}{N-1}\sum_{i=1}^{N}(x_i - \mu_x)(y_i - \mu_y) \tag{5.9}$$

$$C_1 = (K_1 L)^2 \tag{5.10}$$

$$C_2 = (K_2 L)^2 \tag{5.11}$$

式中，x_i 和 y_i 分别为原图像和滤波后图像的像素值，N 表示总像素数。μ_x 和 μ_y 分别表示原图像和滤波后图像像素值的平均。σ_x 和 σ_y 分别表示原图像和滤波后图像像素值的标准差，σ_{xy} 表示原图像与滤波后图像的协方差。C_1 和 C_2 为避免分布变 0 而设置的参数，对灰度图像而言 C_1=6.5025，C_2=58.5225。L 为动态范围，K_1 和 K_2 常被设置为 0.01 和 0.03。

最终的 SSIM 被定义为

$$\begin{aligned}
\text{SSIM}(x,y) &= l(x,y) \cdot c(x,y) \cdot s(x,y) \\
&= \frac{\left(2\mu_x\mu_y + C_1\right)\left(2\sigma_{xy} + C_2\right)}{\left(\mu_x^2 + \mu_y^2 + C_1\right)\left(\sigma_x^2 + \sigma_y^2 + C_2\right)}
\end{aligned} \tag{5.12}$$

在计算 SSIM 之前，常会对原图像和滤波后的图像进行处理。

5.2　考虑局部线性结构的滤波方法

典型的不考虑线性结构特征的滤波方法是中值滤波（Median Filter，MF）

方法[1]，它是由 Tukey 提出的方法。在 MF 中，将滤波窗口内的像素按像素值从小到大进行排序，之后将排在正中间的像素值作为输出值输出。MF 是典型的不考虑结构特征的滤波方法。除 MF 以外，不考虑线性结构特征的方法还有很多[2-13]。

考虑线性结构特征的方法有最小–最大互斥加权平均滤波器（Minimum-Maximum Exclusive Weighted-Mean Filter，MMEWMF）[14]、最小最大互斥内插滤波器（Minimum-Maximum Exclusive Interpolation Filter，MMEIF）[15]、线性结构滤波方法（Line Structure Filter，LSF）[16]、局部线性结构滤波方法（Local Line Structure Filter，LLSF）[17]等。在 MMEIF[15]中，考虑 3×3 滤波窗口中通过中心像素的横向、纵向、45°方向及–45°四个方向。在这四个方向上，求非噪声像素的绝对差，并将绝对差最小的方向视为线性结构的方向，最后将该方向上非噪声像素的平均值当作输出值。MMEIF 的缺点是当最小绝对差有多个时无法对线性结构进行判断，转而用 MF 进行去噪处理，结果对线性结构造成了破坏。在 LSF[16]中，考虑 5×5 滤波窗口中的横向、纵向、45°及–45°四个方向。对某个方向而言，考虑中央线及与中央线相邻的两条线，共考虑三条线。当其中两条以上线上的非噪声像素的个数都大于阈值时求这些线上像素的方差，并将平均方差当作该方向的方差。接着，将平均方差最小的方向视为线性结构的方向。最后将该方向中央线上非噪声像素的中值当作输出值。LSF 的优点在于对线性结构的判断条件非常苛刻，所以针对其对应的四个方向的线性结构修复效果好。其缺点首先也是由于线性结构的判断条件过于苛刻，当滤波窗口中噪声像素较多时修复效果不够好；其次针对其他方向的线性结构修复效果不理想。LLSF[17]在 LSF 的基础上做了改进。在 LLSF 中，考虑 3×3 窗口中横向和纵向两个方向的线性结构。与 LLSF 不同的是：首先，LSF 对线性结构进行判断时只考虑与中央线相邻的两条线；其次，只考虑横向和纵向。LSF 的优点是由于滤波窗口足够小，所以能够修复大部分的线性结构。LSF 的缺点是，因为考虑的滤波窗口太小而导致当滤波窗口中噪声像素的数量较多时无法对线性结构进行修复。

本节方法的流程图如图 5.1 所示。本节方法是一种开关型滤波方法，只应用于被噪声检测器判断为噪声损坏的像素。如图 5.1 所示，如果 $f(i, j)$ 为 1，即目标像素 (i,j) 未损坏，则输入值 $x(i,j)$ 为输出。否则，为判断目标像素的线性结构，考虑在局部区域由 3 个像素组成的像素组。

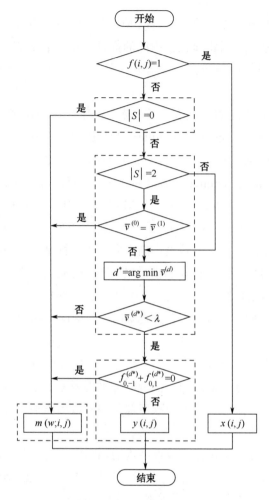

图 5.1　本节方法的流程图

5.2.1　方法介绍

图 5.2 给出了目标像素(i, j)的像素组，k 和 l 分别表示像素组号和每组中的像素号。k 和 l 的取值为 -1、0 或 1。$f_{k,l}^{(d)}$ 表示噪声图像 f 中方向 d 的第 k 个像素组的第 l 个元素。与 $f_{k,l}^{(d)}$ 相同，局部区域的像素值用 $x_{k,l}^{(d)}$ 表示。如图 5.2 所示，本节方法考虑水平方向和垂直方向，分别记为 $d = 0$ 和 $d = 1$。

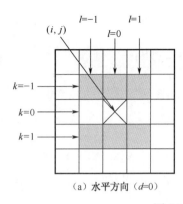

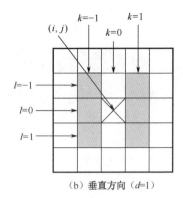

(a) 水平方向（$d=0$）　　　　　　　（b) 垂直方向（$d=1$）

图 5.2　像素组

1. 确定线性结构判断的执行条件

在本节方法中，d 方向上可处理像素组的个数 $D^{(d)}$ 计算如下：

$$D^{(d)} = \sum_{k=\{-1,1\}} h\left(\sum_{l=-1}^{1} f_{k,l}^{(d)}\right) \tag{5.13}$$

其中，

$$h(z) = \begin{cases} 1, & z \geq 2 \\ 0, & 其他 \end{cases} \tag{5.14}$$

当 $D^{(d)} = 2$ 时，认为方向 d 能够进行线性结构判断，则可以判断的方向集合 S 定义为

$$S = \{d \mid D^{(d)} = 2\} \tag{5.15}$$

式中，S 的元素个数用 $|S|$ 表示，取值为 0、1 或 2。当 $|S|$ 为 0 时，不能进行线性结构判断，因此使用 MF 获得输出值。否则，进行线性结构判断。

2. 本节方法的中值滤波

$m(w; i, j)$ 表示以中心为目标像素 (i, j) 的 $w \times w$ 窗口像素值的中位数。在本节方法中，使用 $f = 1$ 的像素来计算中位数。如果这些像素的数量是偶数，则"两个中位数"的平均值变为 $m(w; i, j)$。

3. 判断线性结构方向

当 $|S| > 0$ 时，计算 S 中方向 d 的平均方向方差 $\overline{v}^{(d)}$，$\overline{v}^{(d)}$ 的定义如下：

$$\overline{v}^{(d)} = \frac{v_{-1}^{(d)} + v_{1}^{(d)}}{2} \tag{5.16}$$

其中，

$$v_k^{(d)} = \frac{1}{n}\sum_{l=-1}^{1} f_{k,l}^{(d)}(x_{k,l}^{(d)} - \overline{x}_k^{(d)})^2 \tag{5.17}$$

$$\overline{x}_k^{(d)} = \frac{1}{n}\sum_{l=-1}^{1} f_{k,l}^{(d)} x_{k,l}^{(d)} \tag{5.18}$$

$$n = \sum_{l=-1}^{1} f_{k,l}^{(d)} \tag{5.19}$$

如果 $|S| = 2$ 且 $\overline{v}^{(0)} = \overline{v}^{(1)}$，则无法确定线性结构的方向，在这种情况下，应用 MF。否则，确定线方向 d^* 的候选点如下：

$$d = \underset{d \in S}{\arg\min}\, v^{(d)} \tag{5.20}$$

如果 $\overline{v}^{(d^*)}$ 小于阈值 λ，则认为线性结构存在于方向 d，并用线性结构的插值处理；否则，认为目标区域是无序的，使用 MF 来获得输出值。

4. 线性结构插值

当考虑目标区域内的直线方向并确定其方向为 d 时，进行最终判断。如果 $f_{0,-1}^{(d^*)} + f_{0,1}^{(d^*)} = 0$，则意味着在 d 方向上没有可以用于插值的像素，在这种情况下使用 MF。否则，得到考虑线性结构的输出值 $y(i,j)$ 如下：

$$y(i,j) = \frac{f_{0,-1}^{(d)} x_{0,-1}^{(d)} + f_{0,1}^{(d)} x_{0,1}^{(d)}}{f_{0,-1}^{(d)} + f_{0,1}^{(d)}} \tag{5.21}$$

5. 依次处理

依次处理示意图如图 5.3 所示。图 5.3 中的 × 表示噪声像素。○表示已滤波处理后的噪声像素。对未处理的噪声像素进行滤波时，将已滤波的像素作为非噪声像素使用。

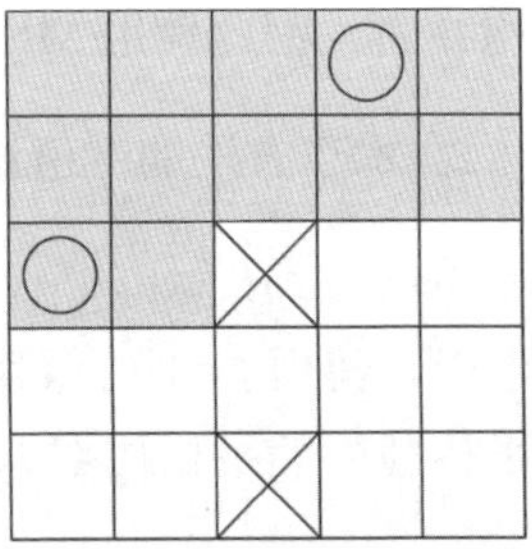

5.2.2 实验及讨论

实验中使用的灰度图像如图 5.4 所示。所有图像的大小为 512 像素×512 像素。比较的方法有 MF、AMF、MMEIF、EAMF、LSF[22]、无偏加权平均滤波器（UWMF）[11]和自适应加权平均滤波器

图 5.3 依次处理示意图

（AWMF）[14]。MMEIF 和 LSF 是考虑线性结构的方法。另外，在 MF、AMF、EAMF、UWMF 和 AWMF 中不考虑线性结构。本节方法有两个参数 w 和 λ，分别设置为 3 和 2000。对于噪声检测器使用 BDND[3]。

（a）Barbara   （b）Boat

（c）Lena   （d）Mandrill

图 5.4 实验中使用的灰度图像

各方法的峰值信噪比（Peak Signal-to-Noise Ratio，PSNR）如表 5.1 所示。可以看出，在大多数情况下，当 $p \leqslant 0.15$ 时，本节方法获得的效果最好。当 p 值较大时，线性结构方向的判断变得困难，有时会出现不适当的处理。因此，本节方法的 PSNR 值并没有达到最佳。

表 5.1 各方法的 PSNR

p	图像	MF	AMF	MMEIF	EAMF	LSF	UWMF	AWMF	本节方法
0.05	Barbara	36.5	36.9	35.4	37.4	37.1	38.4	38.6	40.9
	Boat	42.3	43.7	42.9	44.0	44.4	44.7	45.0	46.4
	Lena	44.8	46.2	45.7	46.4	45.8	46.8	46.9	47.2
	Mandrill	34.6	35.1	34.3	35.4	35.3	36.2	36.3	36.8

p	图像	MF	AMF	MMEIF	EAMF	LSF	UWMF	AWMF	本节方法
0.10	Barbara	32.9	33.6	32.4	34.2	33.5	35.0	35.3	37.1
	Boat	38.5	40.3	39.9	40.6	40.6	41.2	41.6	42.7
	Lena	40.7	43.0	42.4	43.3	42.4	43.4	43.6	43.6
	Mandrill	31.3	32.0	31.3	32.4	31.9	32.9	33.2	33.3
0.15	Barbara	30.6	31.9	30.7	32.4	31.4	33.1	33.4	34.4
	Boat	35.2	38.0	37.9	38.5	37.7	39.1	39.5	39.7
	Lena	38.0	40.7	40.6	41.1	34.5	40.8	41.5	40.9
	Mandrill	28.7	30.1	29.4	30.5	29.9	31.1	31.3	31.1
0.20	Barbara	29.2	30.5	29.6	31.0	29.7	31.7	31.9	32.4
	Boat	33.7	36.4	36.4	37.0	35.6	37.8	38.0	37.4
	Lena	36.5	39.1	39.2	39.6	37.6	40.0	40.1	38.8
	Mandrill	27.3	28.7	28.1	29.2	28.2	29.7	29.9	29.1
0.25	Barbara	28.2	28.5	28.6	28.7	28.6	30.7	30.9	30.9
	Boat	32.5	33.2	35.2	33.4	33.9	36.5	36.6	35.5
	Lena	35.2	36.2	38.1	36.4	36.1	39.1	39.0	37.3
	Mandrill	26.4	26.6	27.2	26.8	26.9	28.7	28.8	27.7

当 p=0.10 时，Barbara 图像的去噪结果如图 5.5 所示。本节方法尤其适用于线性结构部分。可以看出，在图 5.5（j）中，不仅恢复了垂直线，还恢复了斜线。这是因为本节方法在线性结构的方向判断和插值过程中考虑的面积（3 像素×3 像素）比 LSF（5 像素×5 像素）要小。图 5.6 显示了在 p=0.10 的情况下，Barbara 图像中噪声像素用本节方法处理的结果。绿色像素和红色像素分别表示用 y 和 m 处理过的像素。可以看出，多数噪声像素是被 y 处理的。

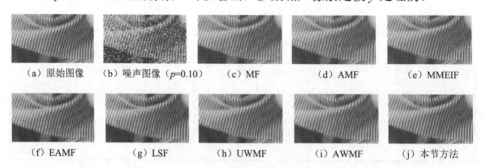

（a）原始图像　（b）噪声图像（p=0.10）　（c）MF　（d）AMF　（e）MMEIF

（f）EAMF　　（g）LSF　　（h）UWMF　　（i）AWMF　　（j）本节方法

图 5.5　Barbara 图像用各种方法去噪的结果

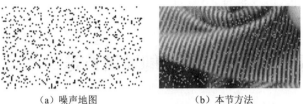

(a) 噪声地图　　　　　　　　(b) 本节方法

（绿色像素代表 y，红色像素代表 m）

图 5.6　用本节方法对 Barbara 图像中的噪声像素进行处理（p =0.10）（见彩图）

当 p=0.15 时，Lena 图像的滤波结果如图 5.7 和图 5.8 所示，这也是本节方法的缺陷。如图 5.7（c）和 5.7（d）所示，4 个噪声像素垂直排列，这会对处理带来不便。输出图像如图 5.8（h）所示，根据噪声像素位置与无噪声像素的关系，4 个噪声像素的线性结构的方向被判断为"垂直"。此外，如图 5.8（a）～图 5.8（g）所示，其他方法较好地处理了该区域。如图 5.7（c）和图 5.7（d）所示，当 p 较大时，本节方法发生错误的概率较大。如图 5.8（h）所示，副作用大于线性处理特性的影响。

(a) 关注区域　　　　(b) 原始图像　　　(c) 噪声图像　　(d) 噪声地图　　(e) 本节方法

图 5.7　Lena 图像的右上部分（见彩图）

（a）MF　　　　　　（b）AMF　　　　　　（c）MMEIF　　　　　（d）EAMF

（e）LSF　　　　　　（f）UWMF　　　　　（g）AWMF　　　　　（h）本节方法

图 5.8　Lena 图像用各方法去噪的结果

5.3 考虑多方向线性结构的滤波方法

本章讨论一种考虑多方向线性结构的脉冲噪声滤波方法。与以往的方法相比，本章所提方法中增加了考虑的线性结构的方向，共有 12 个方向；像素值分布不同所采用的滤波方法也不同：平坦区域采用 MF 进行滤波；具有线性结构的区域采用考虑线性结构的滤波方法。

5.3.1 方法介绍

本节所提方法的流程图如图 5.9 所示。首先，使用噪声检测器检测输入图像中的噪声像素。然后，根据噪声检测器的结果执行开关滤波。如果像素是非噪声像素，则输出该像素。如果该像素是噪声像素，则分三种情况进行处理。首先，如果是图 5.10 所示的线性结构则输入 $y_2(i,j)$。其次，对于不符合图 5.10 要求的线性结构区域，判断其是否符合如图 5.2 所示的线性结构特征。如果符合，将 5.2 节的输出作为输出值 $y_1(i,j)$，否则将 $z(\rho;i,j)$ 作为输出值。最后，对于平坦区域（局部方差较小的区域）或无法确定线性结构的区域，将 $z(\rho;i,j)$ 作为输出值。

1. 判断平坦区域

在以像素 (i,j) 为中心的局部区域 S_ρ 中，区域的方差 $v'_{i,j}$ 被定义为

$$v'_{i,j} = \frac{1}{|S_\rho|} \sum_{(k,l) \in S_\rho(i,j)} f_{k,l}(x_{k,l} - \overline{x}_{i,j})^2 \tag{5.22}$$

其中，

$$\overline{x}_{i,j} = \frac{1}{|S_\rho|} \sum_{(k,l) \in S_\rho} f_{k,l} x_{k,l} \tag{5.23}$$

式中，(k,l) 表示输入图像中像素的原始坐标。S_ρ 表示离像素 (i,j) 的棋盘距离小于 ρ 且 $f(k,l)=1$ 的像素的集合，$|S_\rho|$ 表示该集合的要素数。

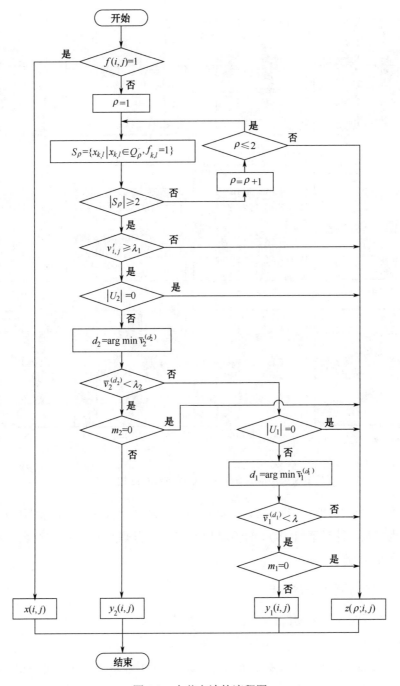

图 5.9　本节方法的流程图

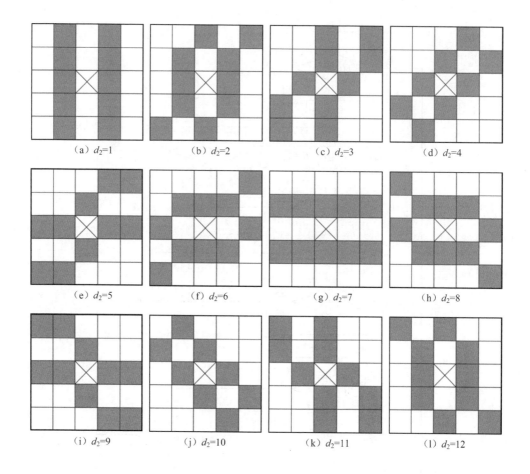

（a）d_2=1　　　　（b）d_2=2　　　　（c）d_2=3　　　　（d）d_2=4

（e）d_2=5　　　　（f）d_2=6　　　　（g）d_2=7　　　　（h）d_2=8

（i）d_2=9　　　　（j）d_2=10　　　　（k）d_2=11　　　　（l）d_2=12

图 5.10　本节方法中考虑的各线性结构方向 d

当 $v'_{i,j}$ 小于阈值 λ_1 时，将该区域视为平坦区域；否则，视为细节区域，其中 λ_1 为参数。针对平坦区域，采用 MF 进行滤波处理；针对细节区域，判断该区域是否有线性结构。

2. 本节所提方法的 MF

本节所提方法的 MF 的输出 $z(\rho; i, j)$ 被定义为

$$z(\rho; i, j) = \text{Median}\{S_\rho\} \tag{5.24}$$

式中，Median 表示中值滤波。当 $|S_\rho|$ 为偶数时，将中间两个像素值的平均值当作 Median 的输出。

3. 线性结构的可判断条件

本节所提方法中，方向 d_2 可使用的像素组 $D^{(d_2)}$ 被定义为

$$D^{(d_2)} = \sum_{k=\{-1,1\}} h\left(\sum_{l \in C} f_{k,l}^{(d)}\right) \tag{5.25}$$

其中，

$$g(\alpha) = \begin{cases} 1, & \alpha \geqslant 2 \\ 0, & \text{其他} \end{cases} \tag{5.26}$$

$$U_2 = \{d_2 \mid D^{(d_2)} = 12\} \tag{5.27}$$

式中，(k, l) 表示各方向的线性结构中像素的相对坐标，C 表示与中央线相邻的各线上像素的集合。对方向 $d_2=4$ 和 $d_2=10$ 而言，集合 C 的要素数 $|C|$ 为 4。对于其他方向集合 C 的要素数 $|C|$ 为 5。

4. 线性结构的判断

方向 d 的方差 $\bar{v}^{(d)}$ 被定义为

$$\bar{v}^{(d_2)} = \frac{v_{-1}^{(d_2)} + v_1^{(d_2)}}{2} \tag{5.28}$$

其中，

$$v_k^{(d_2)} = \frac{1}{n} \sum_{l \in C} f_{k,l}^{(d_2)} \left(x_{k,l}^{(d_2)} - \bar{x}_k^{(d_2)}\right)^2 \tag{5.29}$$

$$\bar{x}_k^{(d_2)} = \frac{1}{n} \sum_{l \in C} f_{k,l}^{(d_2)} x_{k,l}^{(d_2)} \tag{5.30}$$

$$n = \sum_{l \in C} f_{k,l}^{(d_2)} \tag{5.31}$$

$\bar{v}^{(d_2)}$ 的最优化问题被定义为

$$d_2^* = \arg\min_{d_2 \in U_2} \bar{v}^{(d_2)} \tag{5.32}$$

对于方向 d_2^*，当满足条件 $\bar{v}^{(d_2^*)} < \lambda_2$ 时，视该方向 d_2^* 具有线性结构。其中，λ_2 为参数。

5. 线性结构的输出

线性结构的输出 $y_2(i, j)$ 被定义为

$$y_2(i, j) = \frac{1}{m_2} \sum_{l \in C} \left(w_{k,l}^{(d_2^*)} f_{k,l}^{(d_2^*)} x_{k,l}^{(d_2^*)} \right) \tag{5.33}$$

其中，

$$m_2 = \sum_{l \in C} w_{k,l}^{(d_2^*)} f_{k,l}^{(d_2^*)} \tag{5.34}$$

是权重，其被定义为

$$w_{k,l}^{(d_2^*)} = e^{3/E_{(\hat{k}, \hat{l})}} \tag{5.35}$$

式中，$(\hat{k}, \hat{l})$ 表示像素 (k, l) 的原始坐标。$E_{(\hat{k}, \hat{l})}$ 表示像素 (k, l) 与像素 (i, j) 之间的欧氏距离。像素 (k, l) 离像素 (i, j) 越近，权重 $w_{k,l}^{(d_2^*)}$ 的值就越大。

对未处理的噪声像素进行滤波时，将已滤波后的像素作为非噪声像素使用。

5.3.2 实验与讨论

本实验使用如图 5.11 所示的 6 幅图像。这些图像的大小为 512 像素×512 像素。采用 BDND 作为检测器。该方法中的参数 λ、λ_1 和 λ_2 分别设为 2000、50 和 100。

用于比较的方法有 MF、AMF、EAMF、UWMF、AWMF、AFMF、MMEIF、LSF 和 LLSF，其中 MMEIF、LSF 和 LLSF[23] 是考虑线性结构的方法。

图 5.12 所示为用本节所提方法对噪声图像 Barbara（$p=0.15$）处理后的图。蓝色像素表示经过 $z(\rho; i, j)$ 处理的像素。红色和绿色像素表示分别用 $y_1(i, j)$ 和 $y_2(i, j)$ 处理过的像素。从图 5.12 中可以看出，$z(\rho; i, j)$ 作用于平面部分，$y_1(i, j)$ 和 $y_2(i, j)$ 都作用于线性结构中。此外，$y_2(i, j)$ 适用于线性结构清晰的区域，$y_1(i, j)$ 适用于线性结构模糊的区域。

（a）Barbara （b）Boat （c）House

图 5.11 实验图像

（d）Livingroom

（e）Mandrill

（f）Map

图 5.11　实验图像（续）

图 5.12　用本节方法对噪声图像 Barbara（p=0.15）处理后的图（见彩图）

本节采用峰值信噪比（PSNR）和平均结构相似指数（MSSIM）来定量评价各方法的滤波性能。各方法得到的结果图像的 PSNR 如表 5.2 所示。结果表明，在大多数情况下，当 $p \leqslant 0.20$ 时，本节方法的效果最佳。这是因为对于具有线性结构的区域，当该区域中的噪声像元数量增加时，用于判断线性结构的非噪声像素数量减少。当相邻行的可用像素数小于 1 时，无法计算方差，无法判断线性结构。当无法判断线性结构时，使用 MF 作为插值器，由于 MF 不考虑结构特征，线性结构上的噪声像素不能很好地被修复。

各方法结果图像的 MSSIM 如表 5.3 所示。MSSIM 的结果与 PSNR 的结果相似。结果表明，本节方法的 MSSIM 不是最好的。

表5.2　各方法结果图像的 PSNR

p	图像	方　法									
		MF	AMF	MMEIF	EAMF	LSF	UWMF	AWMF	LLSF	AFMF	本节方法
0.05	Barbara	36.5	36.9	35.4	37.4	37.1	38.4	38.6	40.9	36.5	41.2
	Boat	42.3	43.7	42.9	44.0	44.4	44.7	45.0	46.4	42.3	46.0
	House	51.3	54.8	24.4	55.5	51.8	48.3	56.6	57.1	43.8	56.1
	Livingroom	39.8	39.1	39.7	39.4	38.1	39.8	40.1	41.8	36.4	41.8
	Mandrill	34.6	35.1	34.3	35.4	35.3	36.2	36.3	36.8	34.6	36.8
	Map	33.5	33.8	33.5	34.2	33.3	34.5	35.2	35.9	32.8	35.8
0.10	Barbara	32.9	33.6	32.4	34.2	33.5	35.0	35.3	37.1	33.1	37.5
	Boat	38.5	40.3	39.9	40.6	40.6	41.2	41.6	42.7	38.9	42.5
	House	43.9	50.3	22.3	51.5	49.3	47.3	52.7	51.5	43.4	52.5
	Livingroom	36.8	37.1	37.4	37.4	36.5	37.6	38.3	39.3	35.5	39.6
	Mandrill	31.3	32.0	31.3	32.4	31.9	32.9	33.2	33.3	31.6	33.3
	Map	30.3	31.0	30.6	31.4	30.3	31.8	32.5	32.5	30.2	32.5
0.15	Barbara	30.6	31.9	30.7	32.4	31.4	33.1	33.4	34.4	31.4	35.0
	Boat	35.2	38.0	37.9	38.5	37.7	39.1	39.5	39.7	36.7	39.9
	House	44.0	48.0	21.4	49.3	45.8	43.5	50.4	48.8	42.4	50.5
	Livingroom	33.4	35.4	35.7	35.9	34.8	36.2	36.7	36.8	34.2	37.2
	Mandrill	28.7	30.1	29.4	30.5	29.9	31.1	31.3	31.1	29.6	31.2
	Map	26.9	29.2	28.8	29.7	28.2	30.3	30.7	30.3	28.5	30.4
0.20	Barbara	29.2	30.5	29.6	31.0	29.7	31.7	31.9	32.4	30.0	33.0
	Boat	33.7	36.4	36.4	37.0	35.6	37.8	38.0	37.4	35.3	38.0
	House	42.0	43.8	21.3	44.2	43.5	48.2	48.3	45.7	41.6	48.4
	Livingroom	32.0	32.1	34.5	32.4	33.4	35.0	35.6	35.3	33.2	36.0
	Mandrill	27.3	28.7	28.1	29.2	28.2	29.7	29.9	29.1	28.3	29.2
	Map	25.6	25.8	27.5	26.0	26.7	29.0	29.3	28.5	27.2	28.7
0.25	Barbara	28.2	28.5	28.6	28.7	28.6	30.7	30.9	30.9	29.0	31.7
	Boat	32.5	33.2	35.2	33.4	33.9	36.5	36.6	35.5	34.1	36.5
	House	40.4	42.4	21.2	42.8	41.7	48.0	46.6	43.0	41.2	45.9
	Livingroom	30.8	31.2	33.4	31.5	32.0	34.3	34.4	33.7	32.2	34.6
	Mandrill	26.4	26.6	27.2	26.8	26.9	28.7	28.8	27.7	27.3	27.9
	Map	24.5	24.8	26.5	25.0	25.5	27.9	28.1	26.8	26.1	27.0
0.30	Barbara	27.2	27.6	27.8	27.9	27.6	29.7	29.9	29.5	28.0	30.3
	Boat	31.3	32.2	34.1	32.4	32.6	35.5	35.5	34.1	33.0	35.3
	House	38.9	41.2	21.6	41.7	40.0	47.3	45.3	40.7	40.1	44.8

续表

p	图像	方　法									
		MF	AMF	MMEIF	EAMF	LSF	UWMF	AWMF	LLSF	AFMF	本节方法
0.30	Livingroom	30.0	30.5	32.5	30.8	31.1	33.4	33.5	32.4	31.3	33.5
	Mandrill	25.4	25.8	26.3	26.0	26.0	27.8	27.8	26.5	26.3	26.7
	Map	23.5	23.9	25.6	24.1	24.4	27.0	27.0	25.3	25.1	25.6

表 5.3　各方法结果图像的 MSSIM

p	图像	方　法									
		MF	AMF	MMEIF	EAMF	LSF	UWMF	AWMF	LLSF	AFMF	本节方法
0.05	Barbara	0.991	0.992	0.989	0.993	0.992	0.993	0.994	0.995	0.991	0.995
	Boat	0.995	0.996	0.995	0.996	0.996	0.996	0.997	0.997	0.995	0.997
	House	0.999	0.999	0.777	0.999	0.999	0.999	1.000	1.000	0.997	0.999
	Livingroom	0.991	0.991	0.991	0.992	0.991	0.992	0.993	0.994	0.985	0.994
	Mandrill	0.978	0.978	0.977	0.980	0.978	0.989	0.982	0.987	0.978	0.987
	Map	0.988	0.989	0.988	0.990	0.987	0.991	0.992	0.993	0.986	0.993
0.10	Barbara	0.979	0.983	0.978	0.984	0.982	0.986	0.987	0.989	0.981	0.990
	Boat	0.988	0.991	0.990	0.992	0.991	0.992	0.993	0.993	0.989	0.993
	House	0.995	0.998	0.747	0.999	0.998	0.998	0.999	0.999	0.996	0.999
	Livingroom	0.984	0.985	0.984	0.986	0.985	0.987	0.988	0.989	0.979	0.989
	Mandrill	0.962	0.965	0.962	0.968	0.963	0.978	0.971	0.977	0.964	0.977
	Map	0.974	0.979	0.976	0.981	0.975	0.983	0.985	0.985	0.974	0.985
0.15	Barbara	0.964	0.974	0.968	0.976	0.971	0.979	0.980	0.981	0.971	0.984
	Boat	0.976	0.986	0.984	0.987	0.985	0.987	0.989	0.988	0.983	0.989
	House	0.994	0.997	0.740	0.998	0.996	0.994	0.998	0.998	0.995	0.998
	Livingroom	0.965	0.976	0.975	0.978	0.976	0.979	0.982	0.982	0.970	0.983
	Mandrill	0.939	0.952	0.946	0.955	0.948	0.966	0.961	0.965	0.948	0.966
	Map	0.958	0.967	0.964	0.970	0.959	0.974	0.976	0.975	0.961	0.975
0.20	Barbara	0.950	0.963	0.956	0.967	0.955	0.969	0.971	0.970	0.959	0.975
	Boat	0.968	0.980	0.978	0.981	0.976	0.984	0.984	0.982	0.976	0.984
	House	0.991	0.992	0.738	0.993	0.994	0.997	0.998	0.996	0.993	0.997
	Livingroom	0.952	0.954	0.967	0.956	0.966	0.974	0.976	0.974	0.962	0.976
	Mandrill	0.917	0.936	0.930	0.942	0.928	0.948	0.948	0.945	0.933	0.948
	Map	0.936	0.928	0.951	0.932	0.944	0.965	0.967	0.963	0.948	0.964

p	图像	方法									
		MF	AMF	MMEIF	EAMF	LSF	UWMF	AWMF	LLSF	AFMF	本节方法
0.25	Barbara	0.935	0.939	0.944	0.942	0.941	0.961	0.963	0.958	0.947	0.967
	Boat	0.958	0.962	0.972	0.963	0.968	0.979	0.979	0.975	0.969	0.979
	House	0.987	0.990	0.734	0.991	0.991	0.996	0.997	0.993	0.992	0.995
	Livingroom	0.938	0.942	0.958	0.945	0.952	0.968	0.968	0.964	0.952	0.969
	Mandrill	0.897	0.901	0.913	0.904	0.907	0.935	0.935	0.926	0.916	0.931
	Map	0.904	0.908	0.937	0.912	0.923	0.954	0.956	0.943	0.933	0.946
0.30	Barbara	0.919	0.925	0.933	0.928	0.926	0.952	0.953	0.945	0.935	0.957
	Boat	0.946	0.952	0.964	0.955	0.957	0.974	0.974	0.965	0.961	0.972
	House	0.983	0.988	0.739	0.989	0.988	0.996	0.996	0.990	0.990	0.994
	Livingroom	0.924	0.931	0.949	0.935	0.939	0.961	0.961	0.952	0.941	0.961
	Mandrill	0.873	0.879	0.895	0.884	0.888	0.919	0.920	0.902	0.897	0.910
	Map	0.855	0.884	0.921	0.890	0.902	0.942	0.943	0.921	0.915	0.926

Barbara 图像局部区域的原图像和去噪后图像如图 5.13 所示。各方法在该区域的去噪结果如图 5.14 所示。结果表明，本节方法对线性结构具有良好的修复效果。

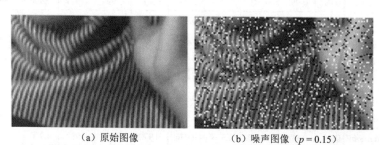

　　　(a) 原始图像　　　　　　　　　(b) 噪声图像（$p = 0.15$）

图 5.13　Barbara 图像的局部区域

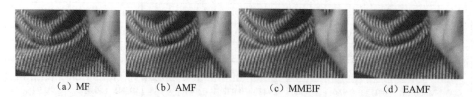

　（a）MF　　　　　（b）AMF　　　　　（c）MMEIF　　　　　（d）EAMF

图 5.14　Barbara 图像去噪后图像（$p=0.15$）

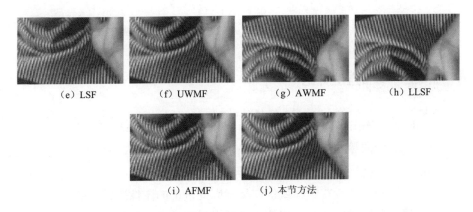

| （e）LSF | （f）UWMF | （g）AWMF | （h）LLSF |

| （i）AFMF | （j）本节方法 |

图 5.14　Barbara 图像去噪后图像（p=0.15）（续）

5.4　基于代价函数的向量滤波方法

5.4.1　噪声模型

1. 噪声模型 1

在噪声模型 1 中，椒盐脉冲噪声叠加在原始彩色图像的每个分量上，像素随机损坏，得到像素(i,j)的像素值$x_{i,j}^{(C)}$：

$$x_{i,j}^{(C)} = \begin{cases} s_{i,j}^{(C)}, & \text{概率} 1-p_1 \\ 255, & \text{概率} p_1/2 \\ 0, & \text{概率} p_1/2 \end{cases} \tag{5.36}$$

式中，s 表示原始像素值，C 表示 R、G 或 B 的颜色分量。p_1 为每个分量的椒盐脉冲噪声密度。

2. 噪声模型 2（随机值脉冲噪声）

在噪声模型 2 中，像素值定义如下：

$$\boldsymbol{x}_{i,j} = \begin{cases} \boldsymbol{s}_{i,j}, & \text{概率} 1-p_2 \\ \boldsymbol{h}, & \text{概率} p_2 \end{cases} \tag{5.37}$$

式中，$\boldsymbol{s}$ 为 $(s^{(R)}, s^{(G)}, s^{(B)})$。向量 $\boldsymbol{h}$ 表示噪声为$(h^{(R)}, h^{(G)}, h^{(B)})$。每个分量 $h^{(C)}$ 从

[0, 255] 中取一个独立的随机整数值。p_2 表示随机值脉冲噪声密度。

5.4.2 本节方法介绍

Astola 等人提出了向量中值滤波器（Vector Median Filter，VMF）[19]。在滤波窗口中与其他向量的交流累计距离最小的向量(R, G, B)成为输出。此外，还提出了其他向量滤波器[20, 24]。虽然这些基于向量的技术可以有效地抑制假色的产生，但由于这些方法没有选择最优向量，因此输出的图像质量较低。

本节提出了一种新的基于代价函数的向量滤波器。图 5.15 所示为本节所提方法的原理图。本节所提出的方法只关注过滤过程，在执行所提出的滤波器之前，首先检测噪声地图 m。图 5.15 中，$S_{i,j}$ 定义为 $w_2 \times w_2$ 窗口中以 (i, j) 为中心的像素集合，(k, l)为 $S_{i,j}$ 的元素。

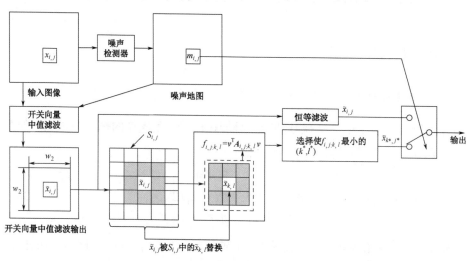

图 5.15　本节方法的原理图

1. 噪声地图

对于噪声模型，将 $m^{(R)}$、$m^{(G)}$、$m^{(B)}$ 作为各颜色分量的噪声地图进行积分得到噪声地图 m，如下所示：

$$m_{i,j} = \prod_{C=\{R,G,B\}} m_{i,j}^{(C)}$$

其中，

$$m_{i,j}^{(C)} = \begin{cases} 1, & \text{原始信号} \\ 0, & \text{噪声} \end{cases} \tag{5.38}$$

在本研究中，$m^{(R)}$、$m^{(G)}$、$m^{(B)}$由 BDND 求得。

2. 滤波处理

首先，对输入图像 x 进行切开关向量中值滤波器（SVMF）处理，得到滤波后的图像为 $\tilde{x}$。SVMF 过程如下：当 $m_{i,j} = 1$ 时，将 $x_{i,j}$ 赋值给 $\tilde{x}_{i,j}$。如果 $m_{i,j}$ 为 0，则对像素 (i,j) 应用窗口大小为 $w_1 \times w_1$ 的 VMF，输出向量为 $\tilde{x}_{i,j}$。

接着，利用 m 和 $\tilde{x}$ 进行基于代价函数的滤波。如果 $m_{i,j} = 1$，则 $\tilde{x}_{i,j}$（$= x_{i,j}$）成为 CFF 的输出向量。当 $m_{i,j} = 0$ 时，为目标像素 (i,j) 定义代价函数 f 如下：

$$f_{i,j;k,l}^{(C)} = v^{\mathrm{T}} A_{i,j;k,l}^{(C)} v \tag{5.39}$$

其中，

$$A_{i,j;k,l}^{(C)} = \begin{pmatrix} \tilde{x}_{i-1,j-1}^{(C)} & \tilde{x}_{i-1,j}^{(C)} & \tilde{x}_{i-1,j+1}^{(C)} \\ \tilde{x}_{i,j-1}^{(C)} & \tilde{x}_{k,l}^{(C)} & \tilde{x}_{i,j+1}^{(C)} \\ \tilde{x}_{i+1,j-1}^{(C)} & \tilde{x}_{i+1,j}^{(C)} & \tilde{x}_{i+1,j+1}^{(C)} \end{pmatrix} \tag{5.40}$$

$$v = \begin{pmatrix} a \\ 1 \\ -1-a \end{pmatrix} \tag{5.41}$$

式中，$A_{i,j;k,l}^{(C)}$ 为以 (i,j) 为中心的 3×3 窗口中的像素值，其中目标像素 $\tilde{x}_{i,j}$ 被替换为 $\tilde{x}_{k,l}$。如果 $A_{i,j;k,l}^{(C)}$、$f_{i,j;k,l}^{(C)}$ 趋近于 0。当边缘未被脉冲噪声破坏时，代价函数的值接近于 0。相反，如果边缘被噪声破坏，f 变大。对于直线、平面等，代价函数具有相同的特征。利用这一特性对噪声损坏的图像进行复原。

通过最小化积分代价函数，得到修复后像素 (i,j) 的合适像素位置 (k^*, l^*)：

$$(k^*, l^*) = \arg\min \sum_{C \in \{R,G,B\}} \left| f_{i,j;k,l}^{(C)} \right| \tag{5.42}$$

最后，$\tilde{x}_{k^*,l^*}$ 成为本节所提方法的输出向量。

5.4.3　实验与讨论

通过实验验证本节所提方法的有效性。实验中使用的彩色图像如图 5.16 所示。所有图像大小为 256 像素×256 像素（24 位/像素）。

（a）girl   （b）Lena

（c）parrots   （d）pepper

图 5.16 实验中使用的彩色图像（见彩图）

本节方法有 3 个参数：w_1, w_2 和 a。最佳窗口大小可以根据噪声密度确定，较小的窗口是获得良好输出的理想选择。但窗口应该扩大，以确保有足够的像素，而不破坏噪声高密度。检查和调优窗口大小 w_1 和 w_2，如表 5.4 所示。表中 p 表示噪声像素的估计密度，由噪声图 m 计算得出，即

$$p = \frac{1}{N} \sum_{i,j} (1 - m_{i,j}) \tag{5.43}$$

式中，N 是输入图像的像素数。

表 5.4 在本节所提方法中设置窗口大小

噪声类型	估计的噪声密度	w_1	w_2
噪声模型 1	$p < 0.35$	3	5
	$0.35 \leqslant p$	5	7
噪声模型 2	$p < 0.20$	3	5
	$0.20 \leqslant p$	5	7

图 5.17 所示为图 5.16 中 4 个图像的 PSNR。使用噪声模型对图像进行加噪声处理，并用本节方法处理噪声像素。将 w_1 和 w_2 分别设为 3 和 5。从图 5.17 可以看出，当 a=-0.5 时，PSNR 最佳。在其他条件下也有类似的趋势，下面的实验中将 a 设为-0.5。

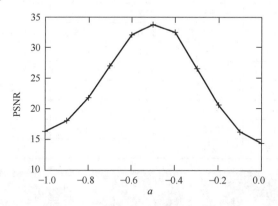

图 5.17 a 与平均 PSNR 的关系

为评价本节方法的性能，进行对比实验，比较方法有 VMF、BVDF、DDF、ROF。在实验中，通常使用 BDND 或 SND 进行噪声检测步骤，并对检测到的像素使用各方法进行处理。

实验结果的 PSNR 如表 5.5 和表 5.6 所示。PSNR 与主观评价基本一致。也就是说，该方法在很多情况下都取得了很好的效果。

除 parrots 图像外，本节方法在 PSNR 评价中效果最好。图 5.18 所示为在 p_1 为 0.1 的情况下，parrots 图像的去噪结果。每幅图像几乎都不会产生假色，这是矢量滤波的效果。从图 5.18 中可以看出，本节方法的主观评价不逊于 VMF 和 DDF。也就是说，本节方法总能获得较好的结果。

表 5.5 采用 BDND 的噪声模型 1 实验结果的 PSNR

p	图像	VMF	BVDF	DDF	ROF	本节方法
	girl	38.0	35.2	37.9	35.9	38.6
	Lena	36.8	35.8	36.8	33.4	37.3
0.05	parrots	32.4	30.8	32.4	27.3	31.4
	pepper	36.3	31.0	35.8	29.1	37.0
	平均值	35.9	33.2	35.7	31.4	36.1

续表

p	图像	VMF	BVDF	DDF	ROF	本节方法
	girl	34.6	30.8	34.5	34.4	35.8
	Lena	33.2	31.3	33.2	32.0	34.4
0.10	parrots	30.8	27.3	30.8	26.8	30.4
	pepper	33.0	27.0	32.8	28.3	34.1
	平均值	32.9	29.1	32.8	30.4	33.7
	girl	32.1	29.0	31.3	32.9	33.4
	Lena	30.4	29.3	30.3	30.8	31.8
0.15	parrots	28.0	26.4	29.0	26.3	28.3
	pepper	29.8	26.0	29.6	27.5	31.2
	平均值	30.1	27.7	30.0	29.4	31.2

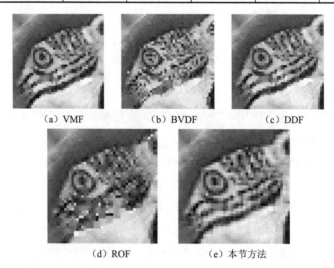

（a）VMF　　　　　（b）BVDF　　　　　（c）DDF

（d）ROF　　　　　（e）本节方法

图 5.18　parrots 图像的噪声模型 1 的实验结果（p_1=0.10）（见彩图）

从表 5.6 可以看出，本节方法在 PSNR 评价方面优于或等于其他方法。虽然 PSNR 是一个很好的指标，但图 5.19 所示的情况是一个例外。在这种情况下，ROF 和 CFF 结果的 PSNR 是相等的。然而，本节方法结果明显优于 ROF 方法的结果，如图 5.19（e）和图 5.19（f）所示。

表 5.6　采用 SND 的噪声模型 2 实验结果的 PSNR

p	图像	VMF	BVDF	DDF	ROF	本节方法
	girl	37.3	33.3	37.2	37.9	38.4
	Lena	35.6	34.6	35.5	35.6	36.4
0.10	parrots	32.1	31.1	32.2	31.6	32.1
	pepper	36.0	34.5	36.2	36.4	36.9
	平均值	35.2	33.3	35.3	35.4	36.0
	girl	33.7	30.0	32.9	35.7	35.5
	Lena	31.7	30.8	32.5	33.3	33.5
0.20	parrots	29.5	28.0	30.3	30.4	30.3
	pepper	31.9	30.0	32.2	34.1	34.1
	平均值	31.7	29.7	32.0	33.4	33.4
	girl	31.3	27.2	31.3	32.3	32.8
	Lena	29.7	28.6	29.8	30.8	31.4
0.30	parrots	28.5	26.9	28.6	28.6	29.7
	pepper	29.2	26.9	29.3	31.2	31.2
	平均值	29.7	27.4	29.7	30.7	31.3

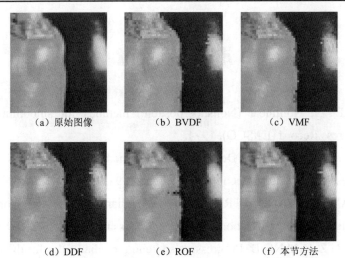

（a）原始图像　　　　（b）BVDF　　　　（c）VMF

（d）DDF　　　　（e）ROF　　　　（f）本节方法

图 5.19　pepper 图像的噪声模型 2 的实验结果（p_2=0.30）（见彩图）

5.5　本章小结

本章首先介绍了相关的基础理论知识，并针对数字图像脉冲噪声问题提出了 3 种去噪方法。

首先，提出了一种考虑局部线性结构的脉冲噪声滤波方法。实验结果表明，该滤波方法可以对输入图像中的线性结构进行修复。此外，当噪声密度较小时，所提出的滤波方法具有较好的 PSNR 评价效果。

其次，提出了一种考虑多方向线性结构的脉冲噪声滤波方法。该方法由两个滤波窗口组成。根据不同的线性结构选择不同的滤波窗口。根据滤波窗口中线的两条相邻线的信息判断线性结构，并用实验验证了该方法的有效性。

最后，提出了一种基于代价函数的矢量滤波方法，实现了对伪色产生的抑制。在该方法中，使用代价函数从滤波窗口中选择合适的向量并将其作为输出。实验结果表明，该方法能较好地去除脉冲噪声。

本章参考文献

[1]　TUKEY J. Nonlinear (Nonsuperposable) methods for smoothing data[C]. Congress Record (EASCO), 1974.

[2]　SUN T, NEUVO Y. Detail-Preserving median based filters in image processing[J]. Pattern Recognition Letters, 1994, 15(4): 341-347.

[3]　HWANG H, HADDAD R A. Adaptive median filters: New algorithms and results[J]. IEEE Transactions on Image Processing, 1995, 4(4): 499-502.

[4]　WANG Z, ZHANG D. Progressive switching median filter for the removal of impulse noise from highly corrupted images[J]. IEEE Transactions on Circuits Systems Ⅱ: Analog Digital Signal Processing, 1999, 46(1): 78-80.

[5]　HAMZA A B, LUQUE-ESCAMILLA P L, MARTINEZ-AROZA J, et al. Removing noise and preserving details with relaxed median filters[J]. Journal

of Mathematical Imaging, 1999, 11: 161-177.

[6]　NG P E, MA K K. A Switching median filter with boundary discriminative noise detection for extremely corrupted images[J]. IEEE Transactions on Image Processing, 2006, 15(6): 1506-1516.

[7]　YUAN S Q, TAN Y H, SUN H L. Impulse noise removal by the Difference-Type noise detector and the cost Function-Type filter[J]. Signal Processing, 2007, 87(10): 2417-2430.

[8]　FABIJANSKA A, SANKOWSKI D. Noise adaptive switching Median-Based filter for impulse noise removal from extremely corrupted images[J]. IET Image Processing, 2011, 5(5): 472-480.

[9]　TANAKA G, SUETAKE N, UCHINO E. Properties and effective extensions of local Similarity-Based pixel value restoration for impulse noise removal[J]. IEICE Transactions on Fundamentals of Electronics, Communications Computer Sciences, 2012, 95(11): 2023-2031.

[10]　JAFAR I F, ALNA' MNEH R A, DARABKH K A. Efficient improvements on the bdnd filtering algorithm for the removal of High-Density impulse noise[J]. IEEE Transactions on Image Processing, 2012, 22(3): 1223-1232.

[11]　KANDEMIR C, KALYONCU C, TOYGAR O. A weighted mean filter with Spatial-Bias elimination for impulse noise removal[J]. Digital Signal Processing, 2015, 46: 164-174.

[12]　VARGHESE J, TAIRAN N, SUBASH S. Adaptive switching Non-Local filter for the restoration of salt and pepper Impulse-Corrupted digital images[J]. Arabian Journal for Science Engineering, 2015, 40: 3233-3246.

[13]　CHEN Q Q, HUNG M H, ZOU F. Effective and adaptive algorithm for Pepper-and-Salt noise removal[J]. IET Image Processing, 2017, 11(9): 709-716.

[14]　ERKAN U, ENGINOGLU S, THANH D N, et al. Adaptive frequency median filter for the salt and pepper denoising problem[J]. IET Image Processing, 2020, 14(7): 1291-1302.

[15]　HASHIMOTO Y, KAJIKAWA Y, NOMURA Y. Directional difference filter: Its effectiveness in the postprocessing of noise detectors[J]. Electronics Communications in Japan, 2002, 85(2): 74-82.

[16] OH J, LEE C, KIM Y. Minimum-Maximum exclusive Weighted-Mean filter with adaptive window[J]. IEICE Transactions on Fundamentals of Electronics, Communications Computer Sciences, 2005, 88(9): 2451-2454.

[17] OH J, KIM Y. Minimum-Maximum exclusive interpolation filter for image denoising[J]. IEICE Transactions on Fundamentals of Electronics, Communications Computer Sciences, 2007, 90(6): 1228-1231.

[18] SMOLKA B, MALIK K. Reduced ordering technique of impulsive noise removal in color images[C]. Computational Color Imaging: 4th International Workshop, Springer, 2013: 296-310.

[19] ASTOLA J, HAAVISTO P, NEUVO Y. Vector median filters[J]. Proceedings of the IEEE, 1990, 78(4): 678-689.

[20] TRAHANIAS P E, KARAKOS D, VENETSANOPOULOS A N. Directional processing of color images: Theory and experimental results[J]. IEEE Transactions on Image Processing, 1996, 5(6): 868-880.

[21] WANG Z, BOVIK A C, SHEIKH H R, et al. Image quality assessment: From error visibility to structural similarity[J]. IEEE Transactions on Image Processing, 2004, 13(4): 600-612.

[22] RU Y, BAO S, TANAKA G. A pixel value restoration considerng line stucture for impulse noise removal[C]. 2013 International Symposium on Intelligent Signal Processing and Communication Systems, IEEE, 2013: 307-310.

[23] BAO S, TANAKA G. Impulse noise removal of digital image considering local line structure[J]. IEICE Transactions on Fundamentals of Electronics, Communications Computer Sciences, 2019, 102(12): 1915-1919.

[24] KARAKOS D G, TRAHANIAS P E. Generalized multichannel Image-Filtering structures[J]. IEEE Transactions on Image Processing, 1997, 6(7): 1038-1045.

第 6 章

基于 tanh 函数及 Gamma 函数的花粉图像深度估计方法

花粉过敏症（简称"花粉症"）在全球范围内均是常见病和多发病，并且花粉症的患病率近年呈现明显的上升趋势。花粉症会出现鼻痒、流鼻涕、打喷嚏、眼痒等症状，甚至可能引起胸闷、憋气、哮喘等下呼吸道疾病。现有的调查资料显示我国各城市和地区的花粉症患病率介于 0.9%～5%，即使按照现有资料的最低发病率计算，我国花粉症的患者数量也达千万之多。通过花粉三维形状重建了解花粉形状特征有助于研究人员对花粉症开展有针对性的研究，同时对花粉知识的科普有积极推动作用。

本章以花粉三维形状重建为目标，研究基于图像处理的花粉图像深度信息修正方法。提出的基于图像处理的花粉图像深度信息修正算法，旨在保护花粉图像原本形状信息的基础上对其进行深度信息修正。并用 PSNR、SSIM、LOE 等评价指标对二维花粉深度图像进行了实验分析。

6.1　深度图像介绍

深度图像（Depth Image），也称三维图像（3D Image），是一种可以表示物体深度信息的图像。与传统的二维图像不同，深度图像中每个像素都包含一个距离值或深度值，描述了物体与观察位置之间的距离或物体与相机之间的距离。这使得深度图像广泛应用于三维重建、物体识别和距离测量等领域。

在实际应用中，深度图像可以被用于虚拟现实、增强现实、自动驾驶、智能监控等多个领域。例如，在虚拟现实中，深度图像可以被用来检测用户的手势，从而实现更加自然的交互方式；在自动驾驶中，深度图像可以被用来感知周围的环境和障碍物，从而提高驾驶的安全性和自主性。

总的来说，深度图像是一种应用非常广泛的图像形式，它可以提供物体的深度信息，被广泛应用于三维重建、物体识别和距离测量等领域。随着深度相机技术的不断发展，深度图像也将在更多的应用场景中发挥重要作用。

6.1.1　场景深度的表示

一般来说，深度图是表示图像在场景中与拍摄设备距离远近的一种方式。

图像深度可以分为相对深度和绝对深度。绝对深度是指物体在场景中像素点与观察点之间的实际距离，通常以米为单位，如通过雷达、Kinect 深度相机获取到的深度图像。

获得深度图像的硬件设备通常有获取深度的最大距离上限，对户外大面积场景来说，无法使用硬件设备获取到场景的全部深度信息，只能人为去标注深度数据。但人为进行标注时，无法准确地标记出场景中每个点的实际距离，只能大概标记出场景中哪部分距离观察点更近，哪些部分距离观察点更远，标记出两点之间前后的相对距离，如图 6.1 所示，通常使用灰度图表示，一般会将相对深度的数值量化到 $[0, 255]$ 表示。其中绝对深度可以转化为相对深度，但相对深度不能转化为绝对深度。

对场景进行相对估计时，深度估计的结果通过灰度图来表示，即将深度值映射到像素点的灰度值上。通过灰度图反映场景的相对距离信息有较好的视觉效果，是图像深度值最常用的一种表示方式。

在通常情况下，场景中距离观察点较远的区域对应灰度图中较浅的像素点，而距离观察点较近的区域则对应较深的像素点。这种距离由远及近对应灰度值由深到浅的设置方式，可以让人们更加清晰地观察到场景中不同物体的深度分布情况。

（a）原始图像　　　　　　　　　　　　（b）深度图

图 6.1　灰度图表示场景深度信息（见彩图）

需要注意的是，灰度图中的深度并不是绝对深度，而是相对深度，即场景中不同物体之间的深度差。因此，使用灰度图进行深度估计时需要进行一定的校正和处理，以便得到更为准确的深度值。

除灰度图外，使用不同颜色也能够表示场景的深度信息。使用 RGB-D 相机可以在获取 RGB 图像的同时获取到每个像素点的深度信息。借助 RGB-D 相机获得场景不同视角的深度图像，最终扫描到整个场景，接下来，对图像进行深度估计，根据场景的 RGB 信息对深度图像进行优化，最终得到一个由彩色图像构建的深度图像，如图 6.2 所示，通过颜色来表示每个像素点对应的深度值，如使用蓝色表示深的区域，使用红色表示浅的区域，而使用其他颜色表示中间深浅的区域。这样，通过颜色的变化，就可以感知到图像中不同物体的深度差异，实现对物体深度信息的描述，将深度信息与彩色图像结合起来呈现。这种由 RGB 描述的深度图在视觉上更优于灰度图。

（a）RGB 图　　　　　　　　　　　　　　　（b）深度图

图 6.2　RGB-D 相机拍摄图像获取到的深度图（见彩图）

6.1.2　场景深度的获取

获取深度图像的方法分为被动测距传感和主动深度传感两种，其中被动测距传感最常见的方法是双目立体视觉；主动深度传感需要发射能量并接收反射回来的能量来测量深度，如 Kinect 深度相机。下面介绍两种方法获取深度图像的原理。

1. 深度相机原理

Kinect 深度相机由彩色摄像头、红外摄像头、红外接收器和传声器组成。彩色摄像头用于获取场景彩色图像，红外摄像头在相机的有效距离内发射红外光信号，经过物体表面反射后被红外接收器接收。Kinect 深度相机有 4 个传声器阵列，可以采集到不同方向的声音并识别声音的来源方向。

Kinect 二代深度相机进行深度检测通过 Time of Light 技术实现，通过红外摄像头投射红外光线，红外光线照射在物体表面，被物体遮挡后反射形成反射光，反射光被红外摄像头接收后，根据光线反射时间来判断物体位置从而形成深度图像。根据红外光线传播速度 $c \approx 3 \times 10^{8} \mathrm{m/s}$，已知红外摄像头记录的时间 t。假设场景中物体与相机之间距离为 r，红外摄像头发射光线经过 r 长度的距离后被物体遮挡，光线返回再次经历了 r 长度的距离。则在 t 时间内，红外光线经历的路径总长度为 $2r$，则计算距离 r 的公式为

$$r = \frac{ct}{2} \tag{6.1}$$

Kinect 深度相机通过计算场景中各点与相机之间的距离最终计算出物体表面的深度信息，并准确生成深度图像。将获取的彩色图像和深度信息融合在一起，形成三维模型，实现对物体的感知和跟踪。

2. 基于双目成像原理

双目立体视觉技术是一种模仿人眼成像原理的三维重建技术。人眼在观察物体时，由于左右眼所在位置的不同，同一物体在双眼中观察时会出现左右位置不同的现象，即双目视差。视觉中枢会对这种视差信息进行处理，从而产生立体视觉效果。双目立体视觉用两个相同参数的相机模仿双眼平行摆放，拍摄物体不同角度的图像，通过比较两幅图像中对应像素点的差异获取深度信息，具体步骤如下。

步骤 1：对双目成像所用的相机进行标定，确定相机相关参数。相机参数包括内参和外参，内参是相机的焦距和主点位置，外参是相机的位置和朝向。

步骤 2：在同一时刻将两台相同的摄像机平行放置，拍摄同一物体左右两个角度的图像，构成双目成像模型。如图 6.3 所示，光沿直线传播，A 为场景中的被测量物体，A 和 A' 是物体 A 在左右视角 L 和 R 中的投影像点，O_l 和 O_r 为左右视角的相机中心。通过两个参数一致且保持光轴平行的相机获取相同场景下的立体图像对。

步骤 3：立体匹配算法。立体匹配算法是获取场景深度信息的关键步骤，包含局部立体匹配算法和全局立体匹配算法。

局部立体匹配算法（Local Stereo Matching Algorithm，LSMA）基于窗口匹配，首先选定一个像素点在左视图中的位置，然后在右视图中以此像素点为中心选取一个窗口，并在该窗口内进行匹配，得到一个代价值，再以不同的步长将该窗口沿水平方向滑动，逐一匹配，最终找到最优的匹配点，即该像素点的

匹配点。这个过程对左视图中的每个像素点都重复进行，即可获得整个深度图像。如特征匹配法、区域匹配算法和相位匹配算法。通过算法将相机获取到的两幅不同角度图像的投影点对应，从而获取两幅图像之间的位置关系，计算在每个像素位置上，左右图像对应点的水平位置差异，即视差图。

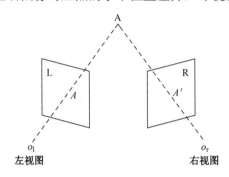

图 6.3　双目立体视觉

全局立体匹配算法（Global Stereo Matching，GSM）是通过对整个图像进行优化来获取场景视差图，将图像匹配问题转化为能量函数最小化问题来求解视差图。其中，能量函数由数据项和平滑项两部分组成。数据项度量了两个像素点之间的相似度，平滑项则惩罚视差图中不平滑的区域。通过调整平滑项和数据项的权重系数，可以达到不同的优化效果。

步骤 4：根据立体匹配的结果，得到两幅图像对应特征点的二维坐标信息，再根据相机参数将特征点的二维坐标信息转换为空间的三维坐标，即特征点在场景中的空间位置，这些三维信息就是场景中物体的点云信息。

根据以上步骤即可完成对场景的三维重建，如图 6.4 所示，通过全局匹配算法计算出最佳视差图。

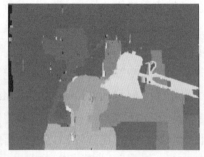

图 6.4　全局立体匹配算法（见彩图）

6.2　花粉图像边缘检测方法

6.2.1　深度图像估计

1. 基于监督学习的深度图像估计方法

监督学习中根据训练数据调整分类器的参数，使模型达到所要求的性能。监督学习也称为监督训练或有教师学习。基于监督学习的深度图像估计方法有参数学习方法和非参数学习方法。

参数学习方法通过训练过程求解目标函数中的未知参数。Saxena 等人提出了高斯 MRF 和拉普拉斯 MRF 的单幅图像深度估计方法[1]。在训练阶段，深度估计的基本单元定义为矩形，并利用 3 种不同大小的滤波器进行卷积操作。同时，将场景共有的特征信息加入卷积中，使模型学习到更多的重要特征。Saxena 等人提出了基于 MRF 的深度图像估计方法[2]，并在方法中引入了超像素的概念。图像分割是指以超像素为分割准则将图像划分为多个子区域的过程。在该方法中，将超像素假设为三维空间中的平面，同时利用图像深度信息特征、相邻超像素的空间结构特征构建 MRF 模型，并实现了单幅图像的三维重建[3]。Liu 等人提出了基于语义信息的深度图像估计方法[4]。在该方法中，首先基于 MRF 对图像进行语义标注，并基于该语义标注确定地平线。其次，利用已得到信息估计深度信息。Ladicky 等人利用透视投影特征，对深度信息估计过程进行了简化，使其应用于估计语义标签中[5]。Li 等人在 Wang 等人方法的基础上做了进一步优化，使精确度得到了进一步提高[6]。该方法中，为每幅输入图像确定一个与其相匹配的训练集，通过该训练集得到最优参数。其优点是训练集和输入图像具有类似的特征，使得最终的深度图更具可靠性。

Karsch 等人提出了非参数学习模型 Depth Transfer[7]，在训练和评估阶段，使用 Kinect 构建了深度图数据集，并在该数据集上验证了所提模型优于其他已有模型。Liu 等人将单目深度图估计定义为离散连续优化问题，用连续变量对输入图像中超像素的深度进行编码，离散变量表示相邻超像素之间的关系[8]。该方法通过使用粒子置信传播在图形模型中进行推理来获得该离散连续优化问题的解。最后，通过室内和室外场景图像验证了模型的有效性。Zhuo 等人提出了基于全局结构的深度图估计方法[9]。方法中引入了场景的分层表示，并将局部深度与中层和全局场景结构结合起来建模。将单个图像深度估计表述为图形模型中的推理，模型的边缘允许对层次结构不同层内部和跨层的交互进行编码。最后，在室内数据集上验证了所提模型。

2. 基于深度学习的图像深度估计方法

2012 年 AlexNet[10]获得 ImageNet 图像识别比赛第一名。此后深度学习（Deep Learning, DL）在各领域开始迅速发展。卷积神经网络（Convolution Neural Networks，CNN）具有自动提取特征并对结果进行分类的能力，且无须人工干预，极大地增强了模型的通用性。这一技术在目标检测、图像分类、深度估计等计算机视觉领域获得了一系列具有突破性意义的进展。近年来更多学者开始研究将卷积神经网络应用于解决单幅图像的深度估计问题。2014 年，Eigen 等人首次提出将卷积神经网络应用于单幅图像的深度估计，设计一个堆叠式网络结构，其中包含两个串联的 CNN 模型[11]。首先在全局预测阶段 CNN 对整个图像进行深度估计得到初步深度图像。然后在局部阶段进一步对深度进行细化，对每个像素的深度信息进行局部调整提高深度图像的准确性，该方法验证了通过深度学习方法来预测深度图像的有效性。Li 等人提出了一个快速训练的双流 CNN[12]，它可以预测深度和深度梯度，然后将它们融合在一起，形成一个准确而详细的深度图。此外，还定义了多个图像上新的集合损失，通过正则化公共图像集之间的估计获得更好的精度，且该网络不太容易过度拟合。在 NYU Depth V2 数据集上的实验表明，深度预测具有很强的竞争力，并能够得到良好的 3D 投影。Anirban 等人提出了一种用于估计深度图的神经回归森林（Neural Regression Forest，NRF）[13]。NRF 结合了随机森林和 CNN。从图像中提取的扫描窗口表示沿着 NRF 的树向下传递的样本，用于预测它们的深度。在每个树节点，使用与该节点相关联的 CNN 对样本进行过滤。卷积滤波的结果以伯努利概率传递给左右子节点，即对应的 CNN，直到叶子，在叶子处进行深度估计。每个节点的细胞神经网络的参数都比最近的工作中看到的要少，但它们沿着树中的路径进行的堆叠处理实际上相当于一个更深的细胞神经网。NRF 允许对所有"浅"细胞神经网络进行并行训练，并有效地增强深度估计结果的平滑性。Liu 等人提出了一种用于从单个图像估计深度的深度卷积神经场模型[14]，旨在联合探索深度 CNN 和连续 CRF 的能力。Li 等人提出了深度卷积神经网络（Deep

Convolutional Neural Network，DCNN）和条件随机场（Conditional Random Fields，CRF）相结合的方法[15]。该方法分为超级像素级别和像素级别。首先，设计了一个 DCNN 模型来学习从多尺度图像块到超像素级别的深度或表面法线值的映射。其次，利用深度或表面法线图上的各种电位，将估计的超像素深度或表面法线细化到像素级，包括数据项、超像素间的平滑项和表征估计图局部结构的自回归项，并在 Make3D 和 NYU Depth V2 数据集上进行了验证。Chen 等人提出了基于相对深度的注释的深度图估计方法[16]。该方法引入了一个"野外深度"数据集，并用随机点对之间的相对深度进行注释。该算法学习使用相对深度的注释来估计度量深度。2019 年，Chen 等人在多尺度特征融合模块的基础上，提出了一种新的网络结构——残差金字塔网络（Residual Pyramid Network）[17]通过这一网络结构可以提取不同尺度的特征，获取结构层次更加明显的深度图。2021 年，Chen 等人提出基于注意的上下文聚合网络（Attention-based Context Aggregation Network，ACAN）的深度图像估计方法[18]，基于自注意力模型，ACAN 自适应地学习像素之间的任务相似性，以对上下文信息进行建模。首先，将单目深度估计重构为一个密集标记的多类分类问题。然后，提出一种软序数推理，将预测概率转换为连续深度值，以减小离散化误差。其次，ACAN 同时聚合图像级和像素级上下文信息进行深度估计，前者表达整个图像的统计特征，后者提取每个像素的远程空间依赖关系。最后，为进一步减少 RGB 图像和深度图之间的不一致性，构造了一个注意力损失来最小化它们的信息熵。通过单目深度估计基准数据集对方法进行了评估，并得到了很好的结果。

6.2.2 获取花粉图像

由于花粉颗粒非常微小，只能借助光学显微镜获取花粉图像。首先，将花粉实体样本研磨至粉末状并进行喷金处理，再放至 SU-8220 场发式电子显微镜（Field Emission Scanning Electron Microscope，FESEM）下观察，SU-8220 采用场发射电子枪产生高能电子束，对样品表面进行扫描和成像，可以获得高分辨率的样品表面形貌信息。显微镜可以将图像放大 4000～15000 倍，移动显微镜寻找花粉样本，选择清晰图像放大到合适倍数后进行截取保存。获取的花粉图像如图 6.5 所示。接着，使用图像编辑软件调整图像对比度，将获取到的花粉样本另存为大小为 224 像素×224 像素的图像，供后续算法研究使用。

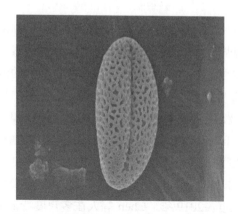

图 6.5　扫描电镜放大 8000 倍的花粉图像

　　对扫描电镜获取到的全部花粉图像进行筛选，选取图像清晰且花粉表面完整的图像，如图 6.6 所示，共有 12 个花粉种类 12 幅图像。

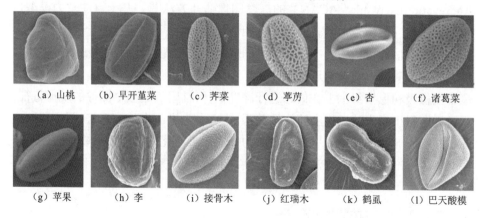

（a）山桃　　（b）早开董菜　　（c）荠菜　　（d）葶苈　　（e）杏　　（f）诸葛菜

（g）苹果　　（h）李　　（i）接骨木　　（j）红瑞木　　（k）鹤虱　　（l）巴天酸模

图 6.6　花粉图像

6.2.3　基于改进 Canny 算子的边缘检测

　　边缘检测在数字图像处理领域有着广泛的应用。利用边缘检测算法，可以准确地提取图像中关键区域的轮廓信息。边缘检测算法主要基于图像的一阶导数和二阶导数，但图像导数对噪声敏感。与其他边缘检测算法相比，采用 Canny 算子进行花粉边缘信息检测，能够检测到较细的边缘线，并能够将边缘线的像素位置精确地定位；噪声抑制能力强；能够保证每个边缘只被检测一次，不会出现重复或漏检的情况，可以通过设置不同的阈值来灵活地减少伪边缘等。在花粉图像处理中，采用 Canny 算子可以得到精确可靠的花粉边缘信息，为后续的深度信息估计提供重要基础。

本节利用改进 Canny 算子对花粉图像进行边缘检测。首先，用双边滤波器替代高斯滤波器，并对花粉图像进行噪声去除，从而在保留重要轮廓信息的同时去除噪声。其次，使用 Sobel 算子对图像进行边缘检测，边缘检测可以将图像灰度值有明显变化的点凸显出来，这些点大多是所感兴趣的边缘点。图像经过增强后，邻域中有很多点的梯度值比较大，但这些点可能是图像内部的纹理信息，不是想得到的轮廓边缘信息，因此需要通过双阈值法去除这些虚假纹理边缘，从而确定真正的边缘信息，最终得到完整简洁的花粉边缘图像。

传统 Canny 算子在进行边缘检测时，使用高斯滤波器去除图像噪声，高斯滤波器是基于高斯函数的滤波器，如式（6.2）所示，使用高斯卷积核对图像进行卷积，将像素值替换为该邻域像素的加权平均值从而去除图像噪声。高斯滤波器对服从正态分布的高斯噪声有较好的去除效果，该算法的核心是邻域平均法，以距离为权重，只考虑像素之间的距离关系，没有考虑像素之间的相似性，在去除噪声的时候不可避免地会模糊图像边缘信息使边缘减弱，缺少重要边缘点。

$$f(x,y) = \frac{1}{2\pi\sigma^2} e^{-\frac{x^2+y^2}{2\sigma^2}} \qquad (6.2)$$

式中，(x, y) 为对应像素点坐标，σ 为标准差。

改进后的 Canny 算子更适应花粉图像的特殊性，改进后算法步骤如下。

1. 基于双边滤波器的花粉图像噪声去除

本节采用双边滤波去除图像噪声，双边滤波能够充分把空间域内容和像素域内容结合起来，根据亮度值的变化来保持边缘轮廓信息，并考虑像素之间在空间域中的邻近性和像素域中的相似性，从而达到较好的滤波效果。

空域滤波是计算在空间位置上相邻像素的像素值的加权平均值，其中空间上的距离越远，对应的权重系数就越小。像素域滤波则是计算在邻域内亮度值相近像素的像素值的加权平均值，像素的亮度值相差越大，对应的权重系数越小。一个像素被滤波后的像素值由该邻域内的其他像素点决定，邻域内像素对该值影响的权重取决于两个像素的距离及亮度值的相似程度。

因此，采用基于双边滤波的方法，可以在对花粉进行去噪的同时保持轮廓信息。双边滤波器能够在较完整地保存花粉的重要细节信息的基础上去除图像噪声。输出图像 $f''_{i,j}$ 定义为

$$f''_{i,j} = \frac{f'_{i,j} - f'_{\min}}{f'_{\max} - f'_{\min}} \qquad (6.3)$$

式中，$f'_{\min}$ 和 $f'_{\max}$ 分别为 $f'_{i,j}$ 的最大值和最小值。(i, j) 代表像素的位置。$f'_{i,j}$ 为使用双边滤波器处理后的像素 (i, j) 的值，$f'_{i,j}$ 定义为

$$f'_{i,j} = f_{i,j} + \frac{\sum\limits_{\{k,l\} \in s_\rho} f_{k,l} w_{k,l}}{\sum\limits_{\{k,l\} \in s} w_{k,l}} \qquad (6.4)$$

其中，$w_{k,l}$ 的定义为

$$w_{k,l} = \exp\left\{-\frac{(i-k)^2 + (j-l)^2}{2\sigma_d^2} - \frac{\|f_{i,j} - f_{k,l}\|^2}{2\sigma_r^2}\right\} \qquad (6.5)$$

式（6.4）中，s_ρ 是离像素 (i, j) 的棋盘距离为 ρ 的像素的集合。(i, j) 和 (k, l) 分别代表中心像素和邻域内其他像素的位置。式（6.5）中的 $\|f_{i,j} - f_{k,l}\|$ 为中心像素与窗口内其他像素的像素值之差，σ_d 和 σ_r 分别表示空间域和像素范围域的标准差。由式（6.5）可知，权重函数 $w_{k,l}$ 受空间域函数和像素域函数共同影响，空域函数随像素点之间距离的增大而减小，像素域函数随两像素之间像素值差值的增大而减小。在图像亮度值边缘平缓区域，像素域差值小，空间域函数起主要作用。在图像边缘处，像素值的差值较大，此时像素域滤波起主要作用，双边滤波器结合空间域函数和像素域函数，在去除噪声的基础上能很好地保护图像细节信息和边缘信息。

2. 计算图像的梯度幅值及梯度方向

边缘点在图像中与其他像素相比有较明显的灰度值变化，图像梯度值是指该像素在 x 轴方向和 y 轴方向上与其相邻像素灰度值的变化率，因此可以通过计算图像中每像素点的灰度值梯度大小和方向来检测边缘，梯度值越大表示该像素点在图像中边缘越明显。Sobel 算子是常用的边缘检测算子，通过卷积操作计算像素点的梯度幅值和梯度方向，可以有效检测出图像的边缘信息。相比于其他算子，Sobel 算子计算简单且速度较快，有较好的边缘定位能力，能够准确定位图像的边缘位置提高边缘检测的准确度。

因此，在使用 Canny 算子进行边缘检测时利用 Sobel 水平算子 Sobel_x 和垂直算子 Sobel_y 与输入图像卷积计算 d_x，d_v。

$$\text{Sobel}_x = \begin{bmatrix} -1 & 0 & 1 \\ -2 & 0 & 2 \\ -1 & 0 & 1 \end{bmatrix} \tag{6.6}$$

$$\text{Sobel}_y = \begin{bmatrix} -1 & -2 & -1 \\ 0 & 0 & 0 \\ 1 & 2 & 1 \end{bmatrix} \tag{6.7}$$

$$d_x = f(x,y) \times \text{Sobel}_x(x,y) \tag{6.8}$$

$$d_y = f(x,y) \times \text{Sobel}_y(x,y) \tag{6.9}$$

式中，d_x 用于检测垂直边缘信息，d_v 用于检测水平边缘信息，$f(x,y)$ 表示原始图像。首先将 Sobel_x 水平算子与原始图像进行卷积，计算相应像素的加权平均数，用所得结果替换原始像素值，直至遍历图像中每个像素点得出 d_x。同理使用 Sobel_y 垂直算子与原始图像进行卷积得出 d_v。

进一步可以得到图像梯度的幅值，梯度计算公式为

$$M(x,y) = \sqrt{d_x^2(x,y) + d_y^2(x,y)} \tag{6.10}$$

式中，(x,y) 表示像素点的位置，$M(x,y)$ 表示该点的梯度。
计算角度公式为

$$\theta_M = \arctan\left(\frac{d_x}{d_y}\right) \tag{6.11}$$

通过 Sobel 算子，可以求出图像水平方向和垂直方向的边缘信息，将两个方向的边缘信息叠加在一起获得图像完整的边缘信息，如图 6.7 所示。

   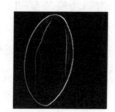

（a）原图　　　　　（b）水平方向梯度　　　　（c）垂直方向梯度　　　（d）水平和垂直方向梯度

图 6.7　Sobel 算子

3. 非极大值抑制

通过 Sobel 算子得出图像完整边缘信息后，根据角度对梯度方向边缘进行非极大值抑制并寻找单一边缘。在像素点的 3×3 邻域内，边缘可以划分为如图 6.8 所示的 4 种方向，表示上、下、左右和 45°方向。将梯度幅值和梯度方向与图 6.8 对比，将不同角度皆近似为图 6.8 所示的 4 种方向。

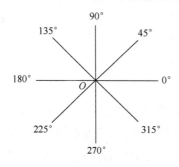

图 6.8　边缘划分方向图　　　　图 6.9　非极大值抑制

将近似后像素的 3×3 邻域放到非极大值抑制图上进行比较，如图 6.9 所示。若梯度方向近似为 45°则沿边缘划分方向图找到 45°轴与像素邻域交点 A、B、C 三点。若中心点 B 的像素值大于 A 点和 C 点，则 B 点是局部最大值，B 点为当前邻域的边缘像素点保留。若 A 点像素值或 C 像素点为局部最大值，则将中心像素点 B 点像素值设置为 0。该步骤可以将较粗的花粉边缘细化。

4. 用双阈值算法检测和连接边缘

双阈值检测法可以将图像边缘分为强边缘、弱边缘和非边缘三个部分，保留强边缘信息和与强边缘相连接的弱边缘信息，从而能够保留完整的连通边缘。具体算法如下。

（1）选取低阈值 t_l 和高阈值 t_h 来区分原图中的小幅值伪边缘，并连接离散边缘。实验针对花粉图像将高低阈值比例设置为 3:1。

（2）如果边缘像素点大于高阈值，则认为是强边缘信息，保留；若边缘像素点小于低阈值，则抛弃。

（3）将小于高阈值大于低阈值的点在该点的 3×3 邻域内确定，将只与高阈值强边缘联通的像素点认为是边缘信息，保留，其余点抛弃。

6.2.4 图像细化

细化算法在数字图像处理领域有着重要应用，是一种用于减少二值图像宽度的图像处理技术，该算法将二值图像中的边缘信息细化到单像素宽度，从而更好地表示对象的形状。细化算法通过逐个遍历像素点，结合该像素点 3×3 邻域中其他像素点的信息，判断该点是否需要去除，从而细化图像并减少冗余信息，有效突出图像的特点。对花粉轮廓图像骨架提取而言，细化算法能够保留重要信息，去除不必要的像素点，让图像变得简单。

在使用扫描电镜获取花粉图像时，由于拍摄角度和光线强度问题都会导致图像边缘处阴影部分加重，在使用 Canny 算子进行检测时将阴影认为是强边缘像素保留下来的，使获取到的边缘图像存在部分冗余信息。借助细化算法可去除冗余像素，提取图像骨架边缘。

对边缘图进行二值化处理是细化算法前的重要预处理工作，统一像素点的灰度值。对图像使用 Canny 算子进行边缘检测后，遍历图像所有像素点的灰度值，设置阈值 t，若该点像素灰度值大于阈值 t，则将该点像素的灰度值设置为 255；若该点像素值灰度值小于阈值 t，则将像素灰度值设置为 0。二值化后像素值定义为

$$y = f(x) = \begin{cases} 255, & x > t \\ 0, & \text{其他} \end{cases} \tag{6.12}$$

式中，x 表示经 Canny 边缘检测后图像的灰度值，y 表示经二值化处理后输出像素的灰度值，t 表示阈值。

图像经二值化处理后，大于阈值 t 的像素点的灰度值都设置为 255，使用 Zhang-Suen 算法提取花粉轮廓骨架信息，在保证花粉图像联通的基础上，对像素邻域进行迭代处理。该算法通过两个步骤不断迭代，第一步处理奇数次迭代，第二步处理偶数次迭代。在每个步骤中，算法会标记一些像素，然后将它们删除，一层层地剥离去除图像中由多个像素点组成的强边缘，直到提取出单一轮廓，但依然保留图像的原始形状。具体细化算法流程如下。

假设在 3×3 的窗口中，定义任意像素 p_1 为中心像素，窗口内其他像素绕中心点顺时针排列，其中像素点 p_2 在像素点 p_1 上方，如图 6.10 所示。根据窗口内其他像素点的实际情况，考虑是否去除 p_1 信息。

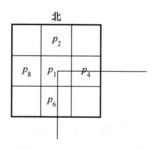

图 6.10　3×3 窗口内像素

当中心像素 p_1 的值为 255 时，用条件 1 进行判断。

条件 1：

（1）$1530 \geqslant \sum_{i=2}^{9} p_i \geqslant 510$ ；

（2）在 $p_2 \sim p_9$ 的排列顺序中，相邻的像素对为 $(0, 255)$ 的数量为 1；

（3）$p_2 \times p_4 \times p_6 = 0$ ；

（4）$p_4 \times p_6 \times p_8 = 0$ 。

由条件 1 可知，若 $p_2 \times p_4 \times p_6 = 0$ 且 $p_4 \times p_6 \times p_8 = 0$，则该窗口内 $p_4 = 0$ 或 $p_6 = 0$ 或 p_2、p_8 同时等于 0。该步骤可删除东南边界点或西北角点的冗余像素，如图 6.11 所示。

北

图 6.11　条件 1 判定结果

当中心像素 p_1 满足条件 1 的所有条件时，将该像素的灰度值设置为 0。否则，用条件 2 进行判断。

条件 2：

（1）$1530 \geqslant \sum_{i=2}^{9} p_i \geqslant 510$ ；

（2）在 $p_2 \sim p_9$ 的排列顺序中，相邻的像素对为 $(0, 255)$ 的数量为 1；

（3）$p_2 \times p_4 \times p_8 = 0$；

（4）$p_2 \times p_6 \times p_8 = 0$。

由条件 2 可知，若 $p_2 \times p_4 \times p_8 = 0$ 且 $p_2 \times p_6 \times p_8 = 0$，则该窗口内 $p_2 = 0$ 或 $p_8 = 0$ 或 p_4、p_6 同时等于 0。该步骤可删除西北边界点或东南角点的冗余像素，如图 6.12 所示，从而提取骨架信息。

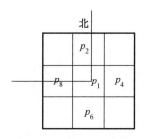

图 6.12　条件 2 判定结果

当中心像素 p_1 满足条件 2 的所有条件时，将该像素的灰度值设置成 0。

通过以上两步骤构成一次迭代，直到图像中没有满足条件 1 和条件 2 的像素点，此时图像中剩余的像素点即图像的骨架信息。

6.2.5　提取边缘图像最长线

图像轮廓提取是判定图像特征的关键，通过轮廓信息可观察出相似但属于不同种类的花粉之间微小的差别，此外，轮廓信息还可检测到图像在获取和传输过程中因挤压造成的图像变形，以及图像中存在的缺陷。获取到的轮廓信息有助于对花粉图像分类，对图像进行深度信息修正等后续算法的研究。

假设细化后的图像为 f，将图像 f 当作预备图像 g。把以 $f(x, y)$ 为中心的 3×3 窗口中，除去中心像素 $f(x, y)$ 以外的像素 $f(s, t)$ 的集合用 R 表示。计算线长的步骤如下：

步骤 1：方向 d_0 设成 0，方向如图 6.13 所示，$p=0$, count=0，最长线 line=0。

步骤 2：计算集合 R 中从方向 d_0 开始顺时针方向计算 $f(k, l)=255$ 且 $g(k, l)=255$ 像素的个数 $m(k, l)$；其中 (k, l) 代表 3×3 窗口内的坐标，$f(k, l)$ 是花粉边缘图像 f 在该坐标点上的像素，$g(k, l)$ 是预备图像 g 在该坐标点 (k, l) 上的像素。

步骤 3：当 $m=1$ 时，跳转至步骤 7；否则转至步骤 4。

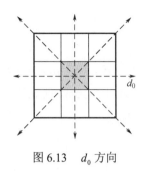

图 6.13　d_0 方向

步骤 4：获取以 $f(k, l)$ 为中心的 3×3 像素 $f(s, t)$ 的集合 U。

步骤 5：集合 U 中从方向 d_0 开始顺时针方向计算 $f(s, t)=255$ 且 $g(s, t)=255$ 的像素的个数 $m(s, t)$。

步骤 6：当 $m(s, t)>0$ 时，跳转至步骤 7；否则跳转至步骤 8。

步骤 7：用当前方向 d_1 更新 d_0，设置 $p=1$，将位置 (k, l) 的像素更新成当前像素 (x, y)；count=count+1。

步骤 8：当 $p=1$ 时，跳转至步骤 2；否则 line=count，并结束循环。

通过 line 的长度，能够获取最长线 MaxLine。MaxLine 对应的线就是花粉边缘图像的外部轮廓。

6.2.6　实验及讨论

本节利用现有花粉图像数据集，共 12 幅图像完成实验部分。实验参数设置及实验结果分析将在本节做详细阐述。

1. 基于改进 Canny 算子的边缘检测

双板滤波器中包含 3 个参数，分别是滤波窗口 m、空间域标准差 σ_d、像素域标准差 σ_r。m 代表每次滤波处理的窗口大小，m 越大滤波时所包含的像素越多，滤波效果更加模糊。花粉内部像素点滤波后的灰度值由其滤波窗口内的其他像素点决定，该滤波窗口内像素点对该值的影响取决于像素点之间的空间距离差和灰度值的相似度。空间域标准差 σ_d 越大，就有越来越丰富的细节特征被模糊。像素域标准差 σ_r 越小，边缘就越清晰。

首先将滤波窗口 m 大小设置为 3。这里采用双边滤波器不同数值的空间域

σ_d、像素域 σ_r，所得到的双边滤波器平滑效果如图 6.14 所示。从图 6.14 可以看出，随着空间域参数与像素域参数的增大，在去除花粉图像噪声的同时图像越来越模糊。

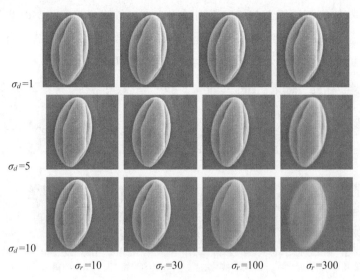

图 6.14　不同参数对滤波效果的影响

通过上述实验观察经不同参数双边滤波算法处理后图像的平滑程度可以看出，空间域标准差取值较小时，对图像的滤波效果不够明显。本节根据实验效果选取空间域标准差 $\sigma_d=5$，确定空间域标准差后，若像素域标准差太大则会使花粉滤波效果太强，导致出现花粉图像边缘细节信息丢失的情况。经过多次实验对比选取空间域标准差 $\sigma_d=5$，像素域标准差 $\sigma_r=30$ 为花粉图像去除噪声，如图 6.15 所示。

图 6.15　双边滤波器去除噪声结果图

通过选定参数空间域标准差 σ_d =5，像素域标准差 σ_r =30 所得结果图
6.15（b）与原图 6.15（a）中细小纹理对比，可以看出该参数下双边滤波器有
一定的模糊作用，从而去除图像噪声。若参数取值较大则如图 6.15（c）所示，
可以看出花粉底部边缘细节信息模糊过强，在后续进行边缘检测时容易丢失重
要细节信息导致检测边缘时出现间断点。选定参数后为采集到的所有种类花粉
图像进行滤波去除噪声，12 幅图像滤波效果如图 6.16 所示。

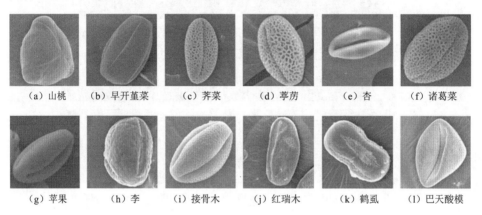

图 6.16　双边滤波器去除噪声结果图 σ_d =5，σ_r=30

通过图像均方误差（MSE）峰值信噪比（PSNR）和结构相似性指标（SSIM）
判定使用双边滤波器去除噪声后是否会影响图像质量。当设定双边滤波器参数
差距较小时，所得实验结果图像没有明显差别，为避免选取参数的主观性，对
图像设定参数空间域标准差 σ_d=5，分别设置像素域标准差 σ_r=30 和像素域标准
差 σ_r=40 去除噪声。对比两个参数下的 MSE、PSNR 和 SSIM 值，所得结果如
表 6.1 所示。

表 6.1　不同参数下的 MSE、PSNR 和 SSIM 值

花粉种类	σ_d=5	MSE	PSNR	SSIM
山桃	σ_r=30	10.12	38.04	0.991
	σ_r=40	14.16	36.45	0.986
早开堇菜	σ_r=30	11.55	37.50	0.994
	σ_r=40	17.12	35.71	0.991
荠菜	σ_r=30	10.26	38.01	0.995
	σ_r=40	16.01	36.08	0.990

续表

花粉种类	$\sigma_d=5$	MSE	PSNR	SSIM
葶苈	$\sigma_r=30$	13.73	36.75	0.996
	$\sigma_r=40$	21.58	34.79	0.993
杏	$\sigma_r=30$	5.66	40.60	0.998
	$\sigma_r=40$	7.93	39.14	0.996
诸葛菜	$\sigma_r=30$	14.69	36.45	0.990
	$\sigma_r=40$	23.66	34.38	0.982
苹果	$\sigma_r=30$	5.55	40.68	0.996
	$\sigma_r=40$	7.68	39.28	0.994
李	$\sigma_r=30$	10.24	38.03	0.997
	$\sigma_r=40$	15.75	36.15	0.995
接骨木	$\sigma_r=30$	11.34	37.48	0.996
	$\sigma_r=40$	16.73	35.50	0.993
红瑞木	$\sigma_r=30$	14.34	36.55	0.993
	$\sigma_r=40$	21.83	34.73	0.989
鹤虱	$\sigma_r=30$	13.70	36.76	0.997
	$\sigma_r=40$	21.26	34.85	0.995
巴天酸模	$\sigma_r=30$	14.59	36.49	0.994
	$\sigma_r=40$	23.53	34.41	0.990

　　MSE 值越小代表两幅图像差异越小，PSNR 值越大表示图像质量越好，当 PSNR 值大于 30dB 时表示图像质量较好，当 PSNR 值大于 40dB 时表示图像质量非常好且接近原始图像。SSIM 考虑了亮度、对比度和结构 3 个因素，这些因素都是影响人眼感知的关键因素，计算原始图像和结果图像之间的 SSIM 值来评估图像质量效果，SSIM 值越接近于 1，表示结果图像与原图差异越小。

　　如表 6.1 所示，当双边滤波像素域参数 $\sigma_r=40$ 时：MSE 值皆大于像素域参数 $\sigma_r=30$；图像 PSNR 值在 35dB 上下皆大于 30dB，存在失真但失真程度在可接受的范围内；SSIM 值皆小于 0.990。当双边滤波参数为 $\sigma_d=5$，$\sigma_r=30$ 时，图像 PSNR 值皆大于 35dB，部分图像可达 40dB，图像质量较好，优于 $\sigma_r=40$ 时的结果图像质量。15 幅图像 SSIM 值皆大于 0.99 非常接近于 1。结合 MSE 值、PSNR 值和 SSIM 值可以得出结论：双边滤波器在参数 $\sigma_d=5$，$\sigma_r=30$ 时去噪效果和图像质量都达到较好的水平。所以在双边滤波器实验中，结合图像效果和客观评价标准，统一将参数设为 $\sigma_d=5$，$\sigma_r=30$。

使用高斯滤波器对花粉图像去除噪声所得效果如图 6.17 所示。

（a）花粉原图　　　　（b）双边滤波器 σ_d=5，σ_r=30　　　　（c）高斯滤波器 σ=30

图 6.17　高斯滤波器去除噪声结果图

为验证高斯滤波器和双边滤波器在花粉图像轮廓信息保持方面的性能，进行了如图 6.17 所示的对比实验。由图 6.17 可以看出（以接骨木花粉图像为例），经双边滤波器处理后的图像，如图 6.17（b）所示，在去除图像噪声的同时对花粉图像的细节信息保护得较好，与原图对比花粉内部纹理依旧清晰。经高斯滤波器处理后的图像，如图 6.17（c）所示，虽然可以去除图像噪声，但与原图和双边滤波器结果图像相比，高斯滤波器破坏了图像的细节信息，可以看出图像整体较为模糊，花粉内部纹理信息也在滤波的影响下变得不清晰。

同时经高斯滤波器处理后的结果图像与原图的峰值信噪比 PSNR 值为 26.76dB，PSNR 值小于 30dB，图像质量较差；而双边滤波器处理图像后 PSNR 值为 37.48 dB，PSNR 值越接近 40dB 表示图像质量越好。同时经高斯滤波器处理后图像的 SSIM 值为 0.969，而双边滤波处理后的 SSIM 值为 0.996。无论是主观评价还是客观评价，所得结论皆是双边滤波器的效果优于高斯滤波器，在对花粉图像进行去噪处理时，将高斯滤波器改进为双边滤波器，能够很好地保护图像的重要细节信息。改进后的 Canny 算子为适应花粉图像的特殊性，使用双边滤波器替换高斯滤波器去除图像噪声。

经双边滤波器去除噪声后，对花粉图像进行边缘检测。在使用 Canny 算子进行边缘检测时，通过确定步骤双阈值检测中的高阈值 t_h 和低阈值 t_l 两个参数的不同取值获得最终的边缘检测结果，不同阈值下的效果如图 6.18 所示。

通过 Canny 算子边缘检测结果图可以看出，若 t_l 设置得较小，将有更多杂乱边缘信息被检测出，如花粉图像内部纹理信息，如图 6.18（b）所示。阈值设置太高会去除图像重要边缘信息，导致图像轮廓处出现间断点，如图 6.18（d）所示。设置合理阈值可以去除掉花粉图像的内部纹理信息及虚假边缘，同时完整保留花粉图像重要边缘信息。由图 6.18（c）可以看出该花粉在参数 t_l =90，t_h =270 下输出图像在连通的基础上去除虚假边缘，保留强边缘点信息，得到较好的边缘检测结果图。

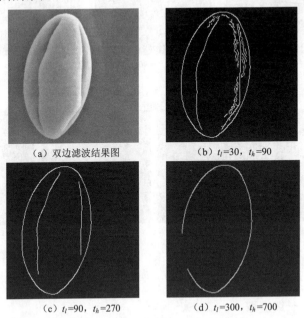

（a）双边滤波结果图　　　　　（b）t_l =30，t_h =90

（c）t_l =90，t_h =270　　　　　（d）t_l =300，t_h =700

图 6.18　不同阈值下的边缘检测结果图

2. 图像细化算法

使用细化算法细化边缘图像时，先对边缘图像进行二值化处理统一灰度值。通过设置阈值 t 可将确定的边缘点的灰度值统一设置为 255，其他像素点的灰度值设为 0，使结果图呈现出黑白效果，区分出图像边缘与背景，有利于对图像进行进一步细化处理。不同阈值 t 下所得二值化效果如图 6.19 所示。

图像经二值化处理后，大于阈值 t 的像素点灰度值都设置为 255，如图 6.19（b）所示，可以看出当阈值 t=90 时图像边缘处的强边缘点效果更加明显，当阈值 t=130 时图像出现明显间断点。经实验对比，当阈值 t 小于 120 时获得较好的二值化结果。

统一边缘像素灰度值后，使用 Zhang-Suen 细化算法提取骨架信息，如图 6.20 所示。细化算法可以在保证图像连通的基础上去掉冗余像素点，快速提取图像特征，获取边缘图像的骨架信息。

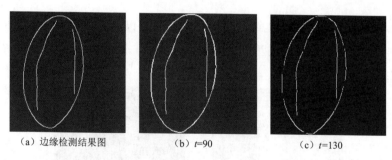

| （a）边缘检测结果图 | （b）t=90 | （c）t=130 |

图 6.19　不同阈值下图像二值化效果

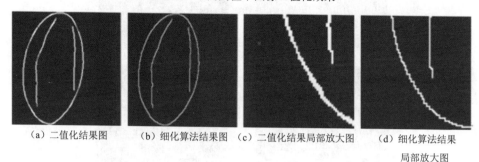

（a）二值化结果图　（b）细化算法结果图　（c）二值化结果局部放大图　（d）细化算法结果
局部放大图

图 6.20　细化算法

3. 边缘最长线提取

对所有实验图像使用基于改进 Canny 算子的边缘检测、图像细化算法进行预处理，最终提取所有图像的最长线信息，实验结果如图 6.21 所示。通过提取最长线算法，去除花粉图像非连通边缘像素，保留完整轮廓信息，供后续深度图像修正方法使用。

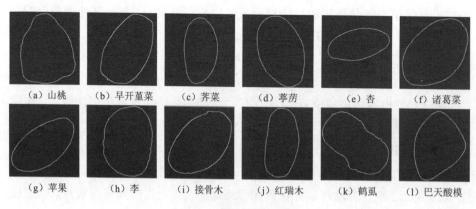

（a）山桃　（b）早开堇菜　（c）荠菜　（d）葶苈　（e）杏　（f）诸葛菜

（g）苹果　（h）李　（i）接骨木　（j）红瑞木　（k）鹤虱　（l）巴天酸模

图 6.21　图像最长线

这里主要介绍了对花粉图像进行边缘检测算法和提取出主要轮廓信息时涉及的算法及参数的选取，最后呈现出较好的实验结果。通过一系列的预处理算法提取花粉图像边缘最长线轮廓，首先去除图像在检测和传输过程中产生的噪声；使用 Canny 算子检测图像边缘信息；进而优化边缘图像，最后提取出细化后的花粉图像的最长线轮廓；并分别完成利用这几种算法对花粉图像进行优化处理的实验。最终所得实验结果图像为后续对花粉图像进行深度信息修正提供了重要的技术基础。

6.3　基于 tanh 函数的花粉深度图像修正方法

6.2 节作为花粉图像预处理工作，提取到了花粉图像的边缘信息，去除了冗余像素点，计算出花粉图像的最长线轮廓信息，并统一了灰度值，得出的最长线信息供本节使用，为花粉图像修正深度信息。深度图中的灰度值表示的是场景中各点相对于观察点的距离，由于花粉中心点是距观察点最近的点，对多数花粉而言中间部分是离观察点最近的部分,而花粉边缘所在位置距观察点最远，因此这里基于这样的假设对花粉深度图像进行修正。修正的准则是通过对花粉图像进行修正使花粉中心位置灰度值变亮，使边缘部分灰度值变暗。通过对灰度信息修正，使修正后的花粉图像在视觉上具备深度信息，更符合花粉图像三维建模用深度图的要求。

6.3.1　主要实现思想

本节提出的第一个研究方法是基于 tanh 函数对图像进行深度信息修正。tanh 函数表达式为

$$\tanh x = \frac{e^x - e^{-x}}{e^x + e^{-x}} \tag{6.13}$$

tanh 函数曲线如图 6.22 所示。

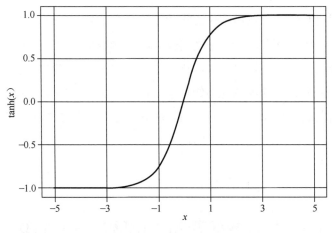

图 6.22   tanh 函数曲线

由图 6.22 可以看出，tanh 函数是增长性函数，其输出值范围为 $[-1, 1]$。为适应花粉图像深度信息修正，假设花粉中心位置距离观察点最近，轮廓边缘位置距离观察点最远。其亮度分布应服从由中心位置向轮廓边缘递减的规律。即中心范围内灰度值最大，最长线边缘所在位置灰度值最小，背景部分灰度值设为 0。假设所有位于最长线轮廓上的边缘点到花粉中心点坐标的距离等长且距离为 1，花粉内部其他像素点的灰度值受该点与中心点坐标的欧氏距离的影响，随欧氏距离的减小而逐步递增。

这里假设花粉中心点为距离观察点最近的点，中心点到边缘是 tanh 函数进行分布。因此，对 tanh 函数进行修改，使花粉图像灰度值分布服从改进后的 tanh 函数曲线。修改后的公式为

$$y = \alpha \left[\frac{1 - \tanh(x)}{\beta} \right] \tag{6.14}$$

式中，x 表示当前像素与花粉中心坐标的距离关系，y 表示输出像素的灰度值，α 和 β 为参数。通过参数 α 控制附加深度信息的灰度值输出范围，参数 β 控制灰度值由中心位置向边缘处变化的剧烈程度。修改后的 tanh 函数曲线如图 6.23 所示。

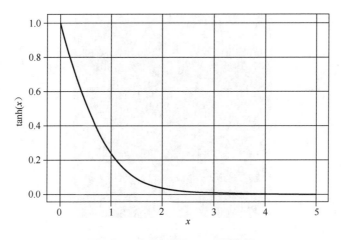

图 6.23　改进后的 tanh 函数曲线

由图 6.23 可以看出，改进后 tanh 函数输出结果由中心位置向边缘位置递减，使得花粉中心点距观察点最近，亮度修正范围最大，其对应像素点的灰度值也越大；越靠近边缘的位置距观察点越远，亮度修正范围越小，其对应像素点的灰度值越小。

6.3.2　基于 tanh 函数的深度图像修正

基于 tanh 函数为花粉图像修正深度信息，使中心位置灰度值最大，轮廓边缘处灰度值最小，首先应根据花粉轮廓最长线各像素点坐标确定中心点坐标位置，计算中心点坐标 (x_O, y_O) 的计算公式为

$$(x_O, y_O) = \left(\frac{(x_1 + x_2 + \cdots + x_N)}{N}, \frac{(y_1 + y_2 + \cdots + y_N)}{N} \right) \quad （6.15）$$

式中，(x_O, y_O) 为所求花粉轮廓的中心点坐标，$(x_1 + x_2 + \cdots + x_N)$ 为所有最长线轮廓像素点的横坐标，$(y_1 + y_2 + \cdots + y_N)$ 为所有最长线轮廓像素点的纵坐标，N 代表像素点个数。利用式（6.15）标定出的花粉轮廓中心点 O 如图 6.24 所示。

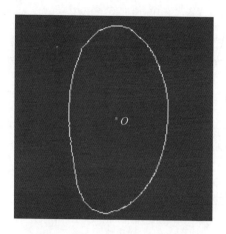

图 6.24　花粉轮廓中心点坐标

由于花粉内部各点像素的灰度值都受该点到中心点的欧氏距离的影响，根据中心点坐标值，计算并比较最长线上每个像素点到中心点的欧氏距离，进而确定花粉轮廓图像的长轴及短轴信息。轮廓上的像素点(i,j) 到中心像素点的欧氏距离为

$$d_{O;i,j} = \sqrt{(x_i - x_O)^2 + (y_i - y_O)^2} \qquad （6.16）$$

式中，(x_O, y_O) 为花粉中心点坐标，(x_i, y_i) 为当前像素点坐标，$d_{O;i,j}$ 表示当前点与中心点坐标的欧氏距离。

接着，遍历所有最长线上的像素，将其与求出的欧氏距离进行比较，计算出的最大值即为图 6.25 中的花粉短轴长度 a，最小值即为花粉长轴长度 b。

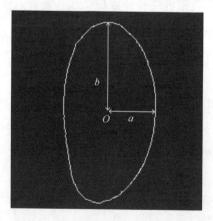

图 6.25　花粉轮廓长轴距离和短轴距离

确定花粉中心点坐标和长轴短轴距离信息后，根据花粉轮廓点上任意轮廓边缘像素 q，通过计算 Oq 与短轴之间夹角 θ，凡是在相同夹角 Oq 上的任意花粉内部像素点 p，灰度值都受到边缘点 q 的影响，如图 6.26 所示。

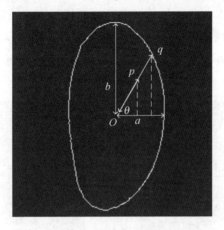

图 6.26　夹角示意图

根据 q 点坐标 (x_q, y_q) 和中心点 O 坐标 (x_O, y_O)，令 $r = \dfrac{|y_q - y_O|}{|x_q - x_O|}$。

通过计算 $\arctan(r)$ 得出对应角度值 θ。根据夹角 θ 计算出该椭圆轴 Oq 上所有点的坐标，计算过程如下：

中心点 $O(x_O, y_O)$ 每向右移动一个单位长度得到横坐标 x_{O+1}，假设横坐标值与 Oq 上点 p 一致，如图 6.26 所示。已知 Op 与短轴之间夹角 θ 与 p 点横坐标 x_{O+1}，计算 p 点纵坐标 y_p 的公式为

$$y_p = (x_p - x_O)\tan\theta \tag{6.17}$$

根据 p 点坐标 (x_p, y_p)，通过式（6.17）计算出 p 到原点 O 的欧氏距离 d_{Op}。计算 Op/Oq 得出 p 点与边缘点 q 的比例关系，所得结果对应式（6.17）中的 x 的值，计算出 y 值替换像素点 p 的灰度值。

最终，深度修正后输出图像的灰度值被定义为

$$f'_{i,j} = f_{i,j} + \alpha\tanh\left(\frac{d_{Op}}{\beta d_{Oq}}\right) \tag{6.18}$$

根据以上步骤遍历花粉轮廓内部所有像素，完成花粉图像的深度信息修正。

6.3.3 参数设置

基于 tanh 函数对花粉图像进行深度信息修正，主要涉及的两个参数分别为 α 和 β。其中，α 控制附加深度信息的灰度变化范围，图像灰度值上限为 255，若 α 取值太大会导致图像亮度太高，α 取值通常在 200 以下。参数 β 控制灰度值变化的剧烈程度，取值范围为 $[0,1]$。通过固定参数 $\beta=0.9$ 观察 α 的不同取值对深度修正效果的影响，如图 6.27 所示。

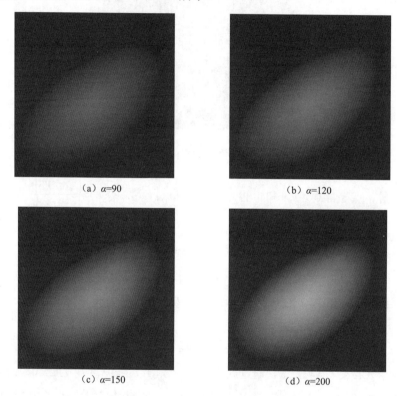

（a）$\alpha=90$　　　　　　　　　　（b）$\alpha=120$

（c）$\alpha=150$　　　　　　　　　　（d）$\alpha=200$

图 6.27　不同参数 α 下的深度信息

由图 6.27 可见，α 值越大，灰度值的变化范围越大，深度修正效果越明显，但 α 太大会出现亮度值过高的情况，如图 6.27（d）所示。获取深度信息后要将深度信息图像附加到自带灰度信息的原始花粉图像上，所以 α 取值不宜过大，通过实验对比发现 α 取值范围为 $[120,180]$。

确定参数 α 后，通过固定参数 $\alpha=150$，设定参数 β 的不同取值，观察参数

β 对深度信息修正效果的影响，实验结果如图 6.28 所示。

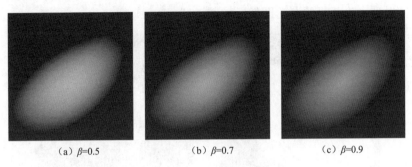

(a) β=0.5　　　　　　(b) β=0.7　　　　　　(c) β=0.9

图 6.28　不同参数 β 的深度信息

由图 6.28 可见，参数 β 取值越小，灰度值变化的剧烈程度越小。当 β 取值较大时，灰度值由图像中心范围向边缘变化程度越明显，有较好的距离信息。通过实验对比得出控制参数 β 在 [0.7, 0.9] 范围内取值有较好的深度信息修正效果。

6.3.4　实验及讨论

获取深度修正结果图像后，将深度修正结果赋到花粉原始图像上，获得花粉图像深度图。通过扫描电镜获得的花粉图像包含背景信息，如图 6.29 所示，因此应去除花粉图像背景，将背景置为黑色。

图 6.29　花粉图像

为去除图像背景信息，应根据该图像的最长线轮廓信息将轮廓内部填充为白色，已填充好的图像 6.30（a）所示。将填充好的图像与花粉图像进行逻辑与运算，得到去除背景的花粉图像，如图 6.30（b）所示。

（a）填充轮廓内部 　　　　　　　　　　（b）去除背景信息

图 6.30　去除图像背景

获得去除背景的花粉图像后，将上节所述深度信息修正结果赋在该图像上，获得花粉图像深度信息修正结果，如图 6.31 所示。

（a）花粉原图 　　　　　　　　　　（b）花粉深度图

图 6.31　深度信息修正

由图 6.31 可以看出，改进 tanh 函数对图像进行深度信息修正，与原图 6.31（a）对比，输出图像 6.31（b）有明显的距离信息。中心位置亮度最大、灰度值最高，且灰度值分布服从由中心位置向花粉轮廓边缘处递减规律，修正效果较好。

本节基于 tanh 函数的改进方法有两个调节参数 α 和 β，通过实验结果可知，当 α 取值范围为 $[120, 180]$，β 取值范围为 $[0.7, 0.9]$ 时，取得较好的深度信息结果，所有花粉图像在取值范围内获得的深度图像结果如图 6.32 所示。

（a）山桃　　　　（b）早开堇菜　　　（c）荠菜　　　　（d）荸荠　　　　（e）杏　　　　（f）诸葛菜
（α=120, β=0.9）　（α=120, β=0.9）　（α=150, β=0.9）　（α=120, β=0.9）　（α=140, β=0.7）　（α=120, β=0.7）

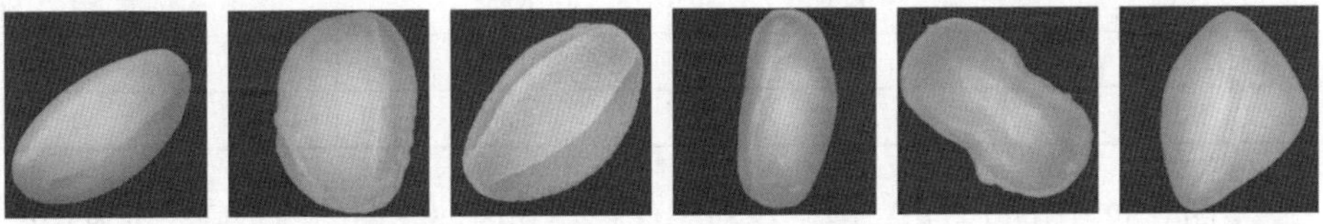

　　（g）苹果　　　　（h）李　　　　（i）接骨木　　　（j）红瑞木　　　（k）鹤虱　　　（l）巴天酸模
（α=150, β=0.9）　（α=140, β=0.7）　（α=120, β=0.7）　（α=140, β=0.9）　（α=150, β=0.9）（α=150, β=0.9）

图 6.32　不同参数下花粉深度图像

　　由图 6.32 可知，由于花粉原图初始灰度值不同，α 与 β 的取值也不同，但均在取值范围对图像亮度值进行了修正。若通过扫描电镜获取的花粉图像初始灰度值较高，α 取值范围为[120, 140]。若花粉图像较暗，灰度值较低，可适当提高 α 取值。β 控制图像灰度变化的剧烈程度，其取值范围与图像短轴长度有关。若短轴距离较大，可提高 β 值获得范围更大的深度信息。

　　通过改进 tanh 对花粉图像进行深度信息修正，获取所用花粉的深度图，通过峰值信噪比 PSNR、结构相似性指标 SSIM 和亮度顺序误差 LOE 对图像进行客观评价，判定经深度信息修正后是否影响图像质量，客观评价如表 6.2 所示。PSNR 值和 SSIM 值较小，而 LOE 值较大，反映出该方法对图像进行了大幅度的亮度修正，使花粉图像满足深度图像修正原则。

表 6.2　基于 tanh 函数花粉深度图像客观评价指标

花粉种类	PSNR	SSIM	LOE
山桃	15.10	0.530	0.249
早开堇菜	15.10	0.610	0.193
荠菜	18.99	0.853	0.078
荸荠	17.36	0.845	0.125
杏	21.94	0.848	0.039
诸葛菜	12.09	0.511	0.249
苹果	16.36	0.677	0.106

花粉种类	PSNR	SSIM	LOE
李	14.16	0.487	0.297
接骨木	15.61	0.610	0.224
红瑞木	20.86	0.800	0.139
鹤虱	15.89	0.603	0.226
巴天酸模	16.08	0.632	0.211
平均值	16.63	0.667	0.178

从图 6.32 中可以看出，由于花粉图像形状和内部纹理结构不同，可将深度修正结果分为两组，第一组如图 6.32（b）、图 6.32（d）、图 6.32（f）、图 6.32（g）、图 6.32（h）、图 6.32（i）所示：花粉轮廓表现为椭圆形状，花粉中心处没有影响观察的较深纹理，对此类图像进行深度信息修正时灰度值分布均匀，没有纹理干扰，深度图像效果较好。第二组如图 6.32（a）、图 6.32（c）、图 6.32（e）、图 6.32（j）、图 6.32（k）、图 6.32（l）所示，图 6.32（a）所示为山桃花粉，轮廓呈不规则三角形，根据本节所提方法也可以确定图像中心位置坐标，但花粉位置在视觉上并不是平行于背景，导致该方法的深度信息修正结果存在位置偏差。图 6.32（c）、图 6.32（e）、图 6.32（j）、图 6.32（k）、图 6.32（l）花粉内部存在较深纹理信息，尽管对中心位置进行大幅度的亮度值修正，但内部凹陷导致在主观视觉上中心位置距观察点依然很远。

深度图中每个像素点的灰度值都反映了该像素点与观察点的距离，也反映出图像的几何形状，是物体的三维表示形式，通过改进 tanh 函数对图像进行深度信息修正后，使修正后的图像包含物理三维几何信息，在亮度值上更符合三维形状建模的要求。三维重建是计算机视觉领域研究的主要任务，而对图像进行三维重建的关键步骤是获取对应图像的深度信息。三维重建效果不仅与所使用方法有关，更与使用的重建图像质量有关，本节通过对花粉原图三维重建（位于每组图像左侧）与对花粉深度图像三维重建（位于每组图像右侧）所得结果进行对比（见图 6.33），验证所提方法获取的深度图像的有效性。

对三维重建结果图像的不同角度进行观察，与花粉原图的三维重建效果相比，可以看出对深度图像进行三维重建后边缘处更加清晰。如图 6.33（f）、图 6.33（i）、图 6.33（j）、图 6.33（l）所示，对原图进行三维重建时花粉外部有其他点云信息干扰，在深度图像三维重建后有所改善。且部分图像三维重建结果可观察到图像与观察点的距离信息，可以看出花粉中心位置距观察点最近，重建结果立体感更强。花粉边缘处距观察点较远，图像较为平整。

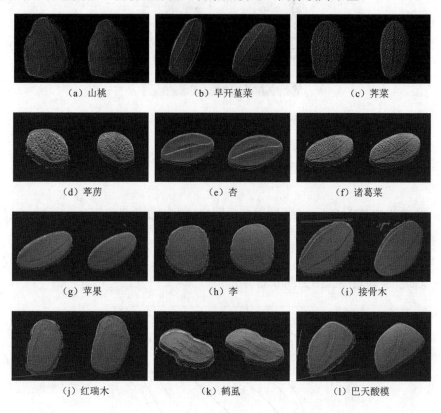

图 6.33　三维重建效果对比：花粉原图（左），花粉深度图像（右）

6.4　基于 Gamma 函数的花粉深度图像修正方法

上节通过改进 tanh 函数对花粉图像进行深度信息修正，获取到所有种类花粉图像的深度图，但部分图像深度信息不够明显，修正亮度范围较大，如图 6.34 所示。本节提出改进 Gamma 函数为花粉图像进行深度信息修正，针对 tanh 函数存在的问题进行改进。

图 6.34　基于 tanh 函数的深度信息修正

6.4.1　主要实现思想

本节提出基于 Gamma 函数对花粉图像进行深度信息修正，Gamma 函数表达式为

$$y = x^\gamma \tag{6.19}$$

Gamma 函数曲线图如图 6.35 所示。

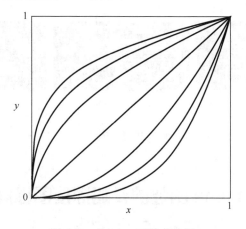

图 6.35　Gamma 函数曲线图

由图 6.34 可以看出，花粉深度图像的灰度值由中心点向边缘递减，而 Gamma 函数曲线的 y 值随着 x 值的增加而增加。函数结果图不符合花粉深度图像灰度值分布规律。为适应花粉图像深度信息修正，这里基于 Gamma 函数对花粉深度图像进行修正。因此，修正后函数被定义为

$$y = \alpha(1-x)^{\gamma} \tag{6.20}$$

式中，y 为输出像素的灰度值，x 为当前像素与花粉中心坐标的距离关系，通过参数 γ 控制花粉中心点到边缘的亮度变化幅度。为防止因花粉图像原图像素灰度值过高，使修正后的像素灰度值超过最高值而溢出，在新定义的 Gamma 函数前赋参数 α，令 $\alpha < 1$。改进后的函数曲线如图 6.36 所示。

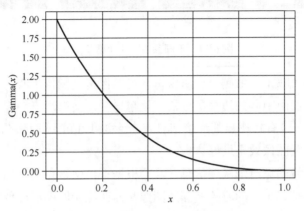

图 6.36　改进后 Gamma 函数曲线

如图 6.36 所示，新定义的函数中心位置（$x=0$）所得函数值最大，函数值由中心处向边缘递减，符合深度信息修正原理。

6.4.2　基于 Gamma 函数的花粉深度图像修正方法一

基于 Gamma 函数的花粉深度图像修正方法一主要分为三个步骤。第一步和第二步与基于 tanh 函数的花粉深度图像修正方法相同。第三步，利用 Gamma 函数对花粉深度图像进行修正。修正的原则是中心位置处亮度最高、灰度值最大，边缘位置亮度最低、灰度值最小。输出图像的深度修正后的灰度值 $\hat{f}_{i,j}$ 被定义为

$$\hat{f}_{i,j} = f_{i,j} + 255 \times \alpha \left(1 - \frac{d_{Op}}{d_{Oq}}\right)^{\gamma} \tag{6.21}$$

基于 Gamma 函数的深度图像修正方法一，主要涉及两个参数 α、γ。参数 γ 控制中心亮度范围，通过固定参数 $\alpha=0.9$，参数 γ 取不同值，对应深度修正效

果如图 6.37 所示。

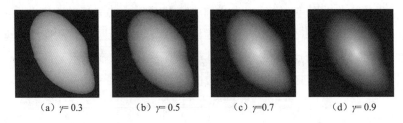

(a) $\gamma=0.3$ (b) $\gamma=0.5$ (c) $\gamma=0.7$ (d) $\gamma=0.9$

图 6.37 不同参数 γ 的深度信息

由图 6.35 可见，γ 值越小，所获得花粉图像深度图像中心区域的高亮度范围越大，亮度值由中心到边缘部分的变化越平缓，使得深度图像在视觉效果上距观察点更近，没有较明显的深度信息差，经实验可知，γ 取值范围为 $[0.7, 0.9]$ 时所获得的深度图像效果最好。

获取的花粉图像自带灰度信息，且需根据不同像素点的距离信息及角度信息进行深度信息修正，为避免将深度图像赋值在花粉原图后出现灰度值溢出或亮度值过高的情况，应通过固定参数 $\gamma=0.9$ 设置不同参数 α，深度修正效果如图 6.38 所示。

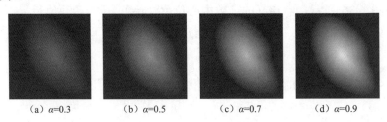

(a) $\alpha=0.3$ (b) $\alpha=0.5$ (c) $\alpha=0.7$ (d) $\alpha=0.9$

图 6.38 不同参数 α 的深度信息

固定参数 $\gamma=0.9$，通过设置不同参数 α 观察花粉图像深度信息修正效果，由图 6.37 可见，α 控制整体图像的灰度值，α 值越小，深度图像整体灰度值越小。为达到更好的深度信息修正效果，将 α 取值范围设置为 $[0.5, 0.9]$。

6.4.3 基于 Gamma 函数的花粉深度图像修正方法二

这里在 Gamma 函数花粉深度图像修正方法一的基础上做了部分修改，提出了第二个方法。在原方法输入图像的灰度值上加入权重，其原因在于花粉原始图像的边缘部分亮度较高，如果不对边缘区域的灰度值进行修正会影响最终的三维建模效果。在估计深度图时，花粉的中间区域应该是距离观察点最近的部分，而边缘应该是距离观察点较远的区域。因此，通过权重的引入在降低边缘部分亮度的同时能保持中间部分的结构信息。

输出图像的深度修正后的灰度值 $\tilde{f}_{i,j}$ 被定义为

$$\tilde{f}_{i,j} = 255 \times \alpha \left(1 - \frac{d_{Op}}{d_{Oq}} \right)^{\gamma} + w_{i,j} f_{i,j} \tag{6.22}$$

$$w_{i,j} = \alpha \left(1 - \frac{d_{Op}}{d_{Oq}} \right)^{\gamma} \tag{6.23}$$

基于 Gamma 函数的深度图像修正方法二中主要涉及参数 α、γ。参数 α 控制图像整体的灰度值，参数 γ 控制边缘部分亮度。为避免引入参数 γ 后降低图像整体亮度，通过控制参数 $\alpha=0.9$，设置不同参数 γ，观察图像边缘部分亮度修正效果，如图 6.39 所示。

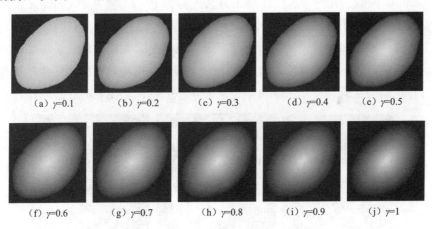

（a）$\gamma=0.1$　　（b）$\gamma=0.2$　　（c）$\gamma=0.3$　　（d）$\gamma=0.4$　　（e）$\gamma=0.5$

（f）$\gamma=0.6$　　（g）$\gamma=0.7$　　（h）$\gamma=0.8$　　（i）$\gamma=0.9$　　（j）$\gamma=1$

图 6.39　不同参数 γ 的深度信息

由图 6.39 可以看出，γ 取值越大对图像边缘部分灰度值修正越明显，使边缘部分亮度更低，在视觉上边缘部分距离观察点更远。经实验可知，γ 取值范围为 [0.6, 0.7] 时对图像边缘部分亮度修正效果最好。

通过固定参数 $\gamma=0.7$，观察参数 α 对图像亮度的影响，如图 6.40 所示。

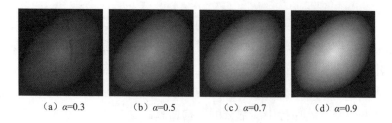

(a) α=0.3 　　(b) α=0.5 　　(c) α=0.7 　　(d) α=0.9

图 6.40　不同参数 α 的深度信息

由图 6.40 可以看出，若 α 取值太小会导致图像整体较暗，甚至观察不到图像的深度信息。经实验可知，α 取值范围为 $[0.8, 0.9]$ 时能获得较好的深度信息修正效果。

6.4.4　实验及讨论

本节将基于 tanh 函数的花粉深度图像修正方法称为 PM1，把 6.4.2 所述基于 Gamma 函数的花粉深度图像修正方法一称为 PM2，将基于 Gamma 函数的花粉深度图像修正方法二称为 PM3。将 PM2 和 PM3 所述深度信息赋在花粉原图上，去除原图多余背景，将背景信息设置为黑色。先根据最长线边缘轮廓信息，把轮廓内部填充为白色，如图 6.41（b）所示，再将填充好的图像与花粉原图进行逻辑与运算，得到去除背景信息的花粉图像，如图 6.41（c）所示。

（a）花粉原图　　　　（b）填充轮廓内部　　　　（c）去除背景信息

图 6.41　去除图像背景

获取到去除背景信息的花粉图像后，将 PM2、PM3 所述的深度信息赋在花粉原图上，获得花粉深度图，结果如图 6.42 所示。

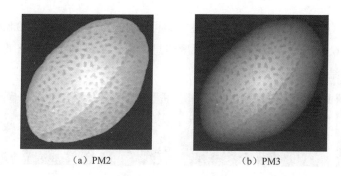

（a）PM2　　　　　　　　　　　（b）PM3

图 6.42　花粉深度图

对 PM2、PM3 所获得最终花粉深度图像进行展示并详细讨论。

PM2 中存在两个调节参数 α、γ，通过实验可知，在 α 取值范围为 [0.5, 0.9]、γ 取值范围为 [0.7, 0.9]时能取得较好的深度信息结果，不同种类花粉图像在取值范围内获得的结果图像如图 6.43 所示。

（a）山桃　　　　（b）早开堇菜　　　（c）荠菜　　　　（d）荨苈　　　　（e）杏　　　　（f）诸葛菜
（α=0.5, γ=0.9）（α=0.7, γ=0.9）（α=0.7, γ=0.9）（α=0.5, γ=0.9）（α=0.7, γ=0.8）（α=0.6, γ=0.8）

（g）苹果　　　　（h）李　　　　（i）接骨木　　　（j）红瑞木　　　（k）鹤虱　　　（l）巴天酸模
（α=0.6, γ=0.9）（α=0.7, γ=0.7）（α=0.6, γ=0.7）（α=0.6, γ=0.8）（α=0.6, γ=0.8）（α=0.6, γ=0.8）

图 6.43　PM2 花粉深度图

由图 4.3 可见，花粉原图自带灰度值，根据花粉图像初始亮度不同，参数 α 取值也不同。若原图灰度值较大，为防止深度图像中心位置亮度值太大，所对应参数 α 取值也较小，如图 6.43（a）和图 6.43（d）所示。参数 γ 控制亮度值由中心位置向轮廓处变化的剧烈程度，与花粉短轴长度有关，若花粉短轴较长可适当调高参数 γ，如图 6.43（a）和图 6.43（f）所示。

PM3 中存在调节参数 α、γ，通过实验可知，在 α 取值范围为[0.8, 0.9]、γ 取值范围为[0.6, 0.7]时能取得较好的深度信息结果，不同种类花粉图像在取值范围内获得的结果图像如图 6.44 所示。

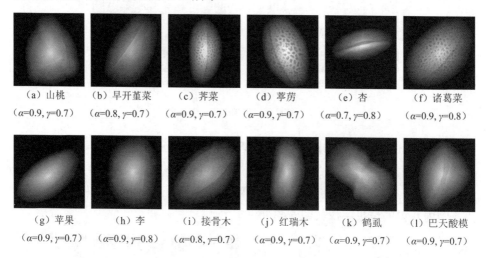

（a）山桃　　　（b）早开堇菜　　（c）荠菜　　　（d）葶苈　　　（e）杏　　　（f）诸葛菜
（α=0.9, γ=0.7）（α=0.8, γ=0.7）（α=0.9, γ=0.7）（α=0.9, γ=0.7）（α=0.7, γ=0.8）（α=0.9, γ=0.8）

（g）苹果　　　（h）李　　　　（i）接骨木　　　（j）红瑞木　　　（k）鹤虱　　　（l）巴天酸模
（α=0.9, γ=0.7）（α=0.9, γ=0.8）（α=0.8, γ=0.7）（α=0.9, γ=0.7）（α=0.9, γ=0.7）（α=0.9, γ=0.7）

图 6.44　PM3 花粉深度图

由图 6.44 可以看出，若花粉图像原始亮度值较高，可以适当降低参数 α 的值，避免中心位置亮度值过高产生灰度值溢出，如图 6.44（e）所示。若花粉图像较大，短轴距离较长可以适当调大参数 γ 对花粉边缘亮度值进行大幅度修正，如图 6.44（e）、图 6.44（f）、图 6.44（h）所示。

1. 客观评价

对改进 Gamma 函数获得花粉深度图像，基于峰值信噪比（PSNR）和结构相似性指标（SSIM）对深度图像进行客观评价，客观评价结果如表 6.3 所示。PSNR 和 SSIM 值越小，表示对图像修正程度越大。

表 6.3　基于 Gamma 函数的花粉深度图像客观评价指标

花粉种类	PSNR（PM2）	PSNR（PM3）	SSIM（PM2）	SSIM（PM3）
山桃	15.72	12.46	0.530	0.143
早开堇菜	14.22	14.32	0.610	0.374
荠菜	16.27	15.10	0.853	0.637
葶苈	16.28	12.53	0.845	0.487

续表

花粉种类	PSNR（PM2）	PSNR（PM3）	SSIM（PM2）	SSIM（PM3）
杏	21.10	13.67	0.848	0.588
诸葛菜	13.03	13.63	0.511	0.312
苹果	17.50	15.16	0.677	0.452
李	11.66	13.80	0.487	0.135
接骨木	13.14	14.38	0.610	0.230
红瑞木	15.39	16.46	0.800	0.544
鹤虱	13.98	14.50	0.603	0.354
巴天酸模	14.17	15.77	0.632	0.439
平均值	15.20	14.32	0.667	0.391

LOE 值越低，表明输出图像与输入图像的亮度顺序基本保持一致，即对亮度的修正较小。LOE 值越大，说明输出图像相比输入图像亮度顺序的变化较大。LOE 通常用于图像质量评价。这里的花粉图像是基于光学显微镜获取的，花粉的灰度信息由电子反射量的大小决定，与观察点的距离远近无关。灰度信息进行修正从另一个角度讲是对亮度信息（包括亮度顺序）的修正。因此，可以说修正方法输出后图像的 LOE 值越大对灰度值的修正越大，加入的深度信息越多。

3 个所提花粉深度图像修正方法的 LOE 值如表 6.4 所示。从表 6.4 中 LOE 的平均值能够看出，基于 tanh 函数的方法的亮度顺序修改得最小，其次是基于 Gamma 函数的方法一，最大的是基于 Gamma 函数的方法二。对单个花粉图像而言，基于 Gamma 函数的方法二的对亮度顺序的修改幅度也是最大的。

表 6.4　各方法的 LOE 值

种类	PM1	PM2	PM3
山桃	0.249	0.235	0.343
早开堇菜	0.193	0.197	0.240
荠菜	0.078	0.089	0.120
葶苈	0.125	0.135	0.214
杏	0.039	0.041	0.082
诸葛菜	0.249	0.239	0.306
苹果	0.106	0.102	0.163

续表

种类	PM1	PM2	PM3
李	0.297	0.306	0.337
接骨木	0.224	0.232	0.302
红瑞木	0.139	0.153	0.174
鹤虱	0.226	0.237	0.288
巴天酸模	0.211	0.213	0.234
平均值	0.178	0.182	0.234

2. 主观评价

为验证改进方法的有效性，对 PM1、PM2、PM3 所获得的花粉深度图像进行主观评价。主观评价方法采用 Thurstone 的成对比较法。评价对象为 3 种方法所得所有图像样本，每组图像为同一品种花粉使用不同方法所获得的深度图像。3 种方法所获图像进行随机排列，每个品种图像进行 6 次对比保证所提 3 种方法都能进行互相对比，选择出更符合花粉图像深度信息修正的结果，如图 6.45 所示。

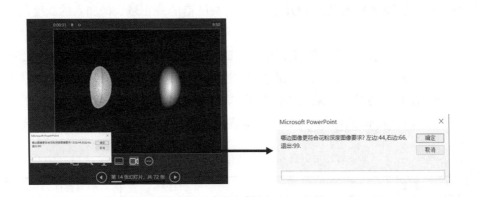

图 6.45　主观评价示意图

共有 15 名学生参与了评价实验。评价标准为：两幅图像中哪幅图像符合中心位置亮度值较高，边缘处亮度值低；哪幅图像在视觉上更具立体效果；哪幅图像更符合深度修正标准。例如，对 PM1 和 PM2 的结果进行评价时，评价结果是 PM2 比 PM1 好时，记为"PM2＞PM1"，否则记为"PM2＜PM1"。评价结果如表 6.5 所示。

表 6.5　评价结果（横向的方法相比较纵向的方法评价效果更好）

方法	PM1	PM2	PM3
PM1	0	285	356
PM2	75	0	347
PM3	4	13	0
合计	79	298	703

将表 6.5 的评价结果变换为评价概率的结果如表 6.6 所示。

表 6.6　评价结果概率（横向方法相比纵向方法的评价效果更好）

方法	PM1	PM2	PM3
PM1	0.000	0.792	0.989
PM2	0.208	0.000	0.964
PM3	0.011	0.036	0.000
合计	0.219	0.828	1.953

根据表 6.6 的数据计算对应的标准正态分布的区间点，结果如表 6.7 所示。

表 6.7　评价结果的标准正态分布的区间点（横向方法相比纵向方法的评价效果更好）

方法	PM1	PM2	PM3
PM1	0.000	0.812	2.287
PM2	−0.812	0.000	1.798
PM3	−2.287	−1.798	0.000
合计	−3.099	−0.985	4.084
平均值	−1.033	−0.328	1.361

根据表 6.7 中平均值将标准正态分布的区间点的列按"升序"排序。因为，表 6.7 中得出的数据已经是"升序"，因此无须重新排序。接着，计算相邻两个列的差值，计算原则是用右列的数据减去左列的数据。计算结果如表 6.8 所示。

表6.8　区间点的差值（横向方法相比纵向方法的评价效果更好）

方法	PM2-PM1	PM3-PM2
PM1	0.812	1.474
PM2	0.812	1.798
PM3	0.489	1.798
合计	2.113	5.070
平均值	0.704	1.690

最后，将表6.8的平均值作为尺度所得的评价尺度图，如图6.46所示。

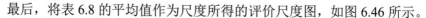

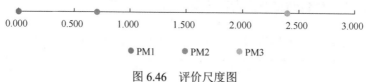

图6.46　评价尺度图

由图6.46能够看出，评价结果最好的是基于Gamma函数的花粉深度图像修正方法二（PM3），其次是基于Gamma函数的花粉深度图像修正方法一（PM2），最后是基于tanh函数的花粉深度图像修正方法（PM1）。从评价尺度的值来看，PM2虽然比PM1的评价结果好，但优势不是非常明显。PM3相比PM2和PM1，评价尺度图上的距离较大，能够说明相比另外两种方法，PM3评价结果具有明显的优势。

3. 三维重建

这里利用深度图进行三维重建，并与花粉原图三维重建结果进行比较，所得结果如图6.47所示。其中原图三维重建结果位于每组图像左侧；基于Gamma函数修正方法一的三维重建结果位于每组图像中间位置；基于Gamma函数修正方法二的三维重建结果位于每组图像右侧。

可以看出基于Gamma函数修正方法一所得的三维重建结果使数据分布更加密集。深度图像的三维重建图像边缘处更加平滑，相比花粉原图有更好的重建效果，验证了深度图像的有效性。基于Gamma函数修正方法二所得三维重建结果亮度值更高，中心位置在视觉上表现更加立体，且花粉中心位置可观察到有部分隆起。改进后的方法较基于Gamma函数的方法一在三维重建领域更加有效。

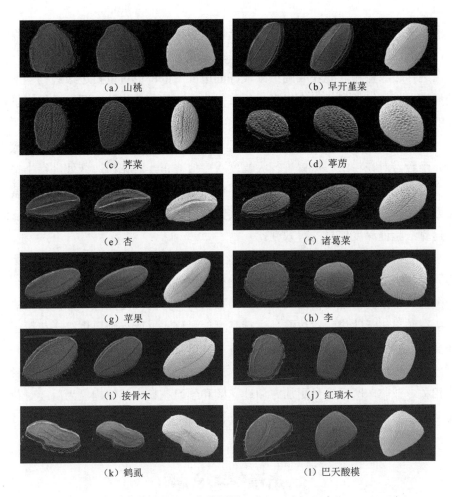

（a）山桃　　　　　　　　　　　（b）早开堇菜

（c）荠菜　　　　　　　　　　　（d）葶苈

（e）杏　　　　　　　　　　　　（f）诸葛菜

（g）苹果　　　　　　　　　　　（h）李

（i）接骨木　　　　　　　　　　（j）红瑞木

（k）鹤虱　　　　　　　　　　　（l）巴天酸模

图 6.47　三维重建效果对比：花粉原图（左），PM2（中），PM3（右）

6.5　本章小结

深度图像能够表示场景的距离信息，是三维重建领域重要的研究内容。现有深度图像获取设备和深度学习算法限制较多，无法对单一图像进行深度信息修正。本章针对以上问题，通过改进函数对现有图像提出两种深度信息修正算法。

首先，检测图像轮廓边缘，对图像进行预处理。针对图像在获取和传输过程中产生的噪声，使用双边滤波算法在保护图像重要细节信息的基础上去除噪声，对图像使用双边滤波器代替传统 Canny 算子边缘检测中的高斯滤波器，对图像进行边缘检测，既获取到结果较好的边缘图像，也对重要边缘进行了增强处理。去除边缘图像的冗余像素，计算得到完整的最长线轮廓图像，保证了轮廓的连通性。

其次，用改进 tanh 函数对图像进行深度信息修正，根据花粉图像特点改进 tanh 函数，对花粉中心位置进行大幅度灰度值修正，对花粉边缘处进行小幅度灰度值修正，将图像背景设置为黑色。使花粉图像中心位置在视觉上距观察点最近，边缘处距离观察点最远。通过实验获得较好的深度图像效果，借助三维重建算法验证深度信息的有效性。

接着，改进 Gamma 函数对图像进行深度信息修正，与改进 tanh 函数原理相同，所得结果都是令图像灰度值由中心位置到边缘处随函数规律逐步减小，使图像具备距离信息。借助 Gamma 函数获得较好的深度图像，并提出方法二对所得结果进行改进，对边缘处进行亮度信息修正，所得结果更符合花粉图像深度信息修正效果。对结果图像的三维重建效果也好于其他两种方法。

本章内容可较好地还原花粉的原本形态，使大家更加了解花粉的形状特征，让相关专业临床医学人员更加方便了解和学习花粉内部结构，为后续对花粉图像三维重建及图像分类研究提供了方便。

本章参考文献

[1]   SAXENA A, CHUNG S H, NG A Y. Learning depth from single monocular images[C]. Advances in Neural Information Processing Systems 18 Neural Information Processing Systems, 2005.

[2]   SAXENA A, SUN M, NG A Y. Learning 3-D scene structure from a single still image[C]. 2007 IEEE 11th International Conference on Computer Vision, IEEE, 2007: 1-8.

[3]   SAXENA A, CHUNG S H, NG A Y. 3-D depth reconstruction from a single still image[J]. International Journal of Computer Vision, 2008, 76: 53-69.

[4]　LIU B, GOULD S, KOLLER D. Single image depth estimation from predicted semantic labels[C]. 2010 IEEE Computer Society Conference on Computer Vision and Pattern Recognition, IEEE, 2010: 1253-1260.

[5]　LADICKY L, SHI J, POLLEFEYS M. Pulling things out of perspective[C]. Proceedings of the IEEE Conference on Computer Vision and Pattern Recognition, 2014: 89-96.

[6]　LI X, QIN H, WANG Y, et al. Dept: Depth estimation by parameter transfer for single still images[C]. Computer Vision-ACCV 2014: 12th Asian Conference on Computer Vision, Singapore Springer, 2015: 45-58.

[7]　KARSCH K, LIU C, KANG S B. Depth transfer: Depth extraction from video using non-parametric sampling[J]. IEEE Transactions on Pattern Analysis Machine Intelligence, 2014, 36(11): 2144-2158.

[8]　LIU M, SALZMANN M, HE X. Discrete-continuous depth estimation from a single image[C]. Proceedings of the IEEE Conference on Computer Vision and Pattern Recognition, 2014: 716-723.

[9]　ZHUO W, SALZMANN M, HE X, et al. Indoor scene structure analysis for single image depth estimation[C]. Proceedings of the IEEE Conference on Computer Vision and Pattern Recognition, 2015: 614-622.

[10]　KRIZHEVSKY A, SUTSKEVER I, HINTON G E. Imagenet classification with deep convolutional neural networks[J]. Communications of the ACM, 2017, 60(6): 84-90.

[11]　EIGEN D, PUHRSCH C, FERGUS R. Depth map prediction from a single image using a multi-scale deep network[J]. Advances in Neural Information Processing Systems, 2014, 27.

[12]　LI J, KLEIN R, YAO A. A two-streamed network for estimating fine-scaled depth maps from single rgb images[C]. Proceedings of the IEEE International Conference on Computer Vision, 2017: 3372-3380.

[13]　ANIRBAN R, TODOROVIC S. Monocular depth estimation using neural regression forest[C]. Proceedings of the IEEE Conference on Computer Vision and Pattern Recognition, 2016: 5506-5514.

[14] LIU F, SHEN C, LIN G. Deep convolutional neural fields for depth estimation from a single image[C]. Proceedings of the IEEE Conference on Computer Vision and Pattern Recognition, 2015: 5162-5170.

[15] LI B, SHEN C, DAI Y, et al. Depth and surface normal estimation from monocular images using regression on deep features and hierarchical crfs[C]. Proceedings of the IEEE Conference on Computer Vision and Pattern Recognition, 2015: 1119-1127.

[16] CHEN W, FU Z, YANG D, et al. Single-image depth perception in the wild[J]. Advances in Neural Information Processing Systems, 2016, 29.

[17] CHEN X, CHEN X, ZHA Z J. Structure-aware residual pyramid network for monocular depth estimation[C]. Proceedings of the Twenty-Eighth International Joint Conference on Artificial Intelligence, International Joint Conferences on Artificial Intelligence Organization, 2019.

[18] CHEN Y R, ZHAO H T, HU Z W. Attention-based context aggregation network for monocular depth estimation[J]. International Journal of Machine Learning and Cybernetics, 2021, 12(6): 1583-1596.